现代物理基础丛书　87

远程量子态制备与操控理论

周　萍　著

科学出版社
北　京

内 容 简 介

量子信息以量子态为信息载体，将量子力学基本原理应用到信息处理中，为信息的传输、处理提供新方法. 量子态远程制备与操控是量子信息研究的重要任务之一. 本书主要介绍量子态远程制备与操控基本原理，然后介绍量子态远程制备与操控模型，从不同角度对远程量子信息处理的最新发展进行评述介绍.

本书主要内容对量子信息教学研究具有参考价值，也可供从事量子通信及相关研究方向的科研工作者、研究生以及本科生学习使用.

图书在版编目（CIP）数据

远程量子态制备与操控理论/周萍著. —北京：科学出版社，2019.2
（现代物理基础丛书）
ISBN 978-7-03-060540-5

Ⅰ. ①远⋯　Ⅱ. ①周⋯　Ⅲ. ①量子力学-光通信-制备过程　Ⅳ. ①TN929.1

中国版本图书馆 CIP 数据核字（2019）第 028461 号

责任编辑：周　涵　郭学雯／责任校对：杨　然
责任印制：吴兆东／封面设计：陈　敬

科 学 出 版 社 出版
北京东黄城根北街 16 号
邮政编码：100717
http://www.sciencep.com

北京建宏印刷有限公司 印刷
科学出版社发行　各地新华书店经销
*
2019 年 2 月第 一 版　开本：720×1000　B5
2022 年 1 月第三次印刷　印张：9 1/2
字数：117 000
定价：**69.00 元**
（如有印装质量问题，我社负责调换）

前　　言

　　量子信息是量子力学、信息学等学科相互交叉而形成的新兴交叉学科, 包含量子通信与量子计算两大重要分支. 量子信息将量子力学基本原理应用到信息处理当中, 应用量子叠加态、量子纠缠态等量子通信独有的信息资源实现信息的安全传输以及计算能力的提高. 远程量子态制备与操控是量子信息的重要任务之一, 自从 20 世纪 90 年代 IBM 公司 Bennett 等提出任意未知量子态可在发送端分解为经典信息与量子关联, 并在接收端量子系统上重组, 远程量子信息处理引起了国内外研究者的广泛关注, 在理论和实验上都取得了巨大进展.

　　从 1993 年第一个量子隐形传态模型的建立到 2017 年地星量子隐形传态的成功实现, 远程量子信息处理取得了一系列激动人心的研究成果, 成为最为引人注目的热点课题之一. 近年来, 远程量子信息处理在量子态多方联合制备、量子可控隐形传态、量子操控远程实现、量子态多方联合操控、并行量子态远程制备等许多方向的理论研究和实验验证方面都取得了巨大进展. 本书对远程量子态制备与操控理论模型进行了详细介绍, 并重点开展了基于线性光学元件和环境噪声影响下的远程量子信息处理应用研究.

　　本书首先介绍了远程量子态制备与操控原理, 然后讨论了量子力学基本假设在远程量子态制备与操控模型 (包括量子态多方联合制备模型、噪声环境下的量子态远程制备模型、基于线性光学元件的光量子态远程制备模型、量子操控远程实现), 类 GHZ 态远程制备, 量子操控多方联合实现等量子通信模型当中的应用. 本书主要研究噪声环境下的远程量子态制备与操控, 讨论不同噪声信道下的量子态联合制备、联合操控以及并行制备等远程量子信息处理过程.

本书由周萍教授执笔, 共 7 章, 其中, 龙柳蓉、李朝参与编写第 4 章 "噪声环境下的量子态远程制备研究", 余仁凤、焦显芳参与编写第 5 章 "基于线性光学元件的光量子态远程制备研究", 吕舒欣参与编写第 7 章 "远程量子态操控".

本书主要内容来自国家自然科学基金项目 (61501129、11564004) 和广西自然科学项目 (2014GXNSFAA118008) 的研究成果. 在撰写书稿过程中得到了广西民族大学理学院领导, 科学出版社的王胡权、周涵编辑的大力支持和帮助, 在此一并表示感谢.

感谢吕莉、任树榆、桂润金、王志永等同学在资料整理、校对等方面提供的支持.

由于水平和时间有限, 若有不妥之处, 恳请批评指正.

著　者

2018 年 10 月

目　　录

第1章 引 言

量子态的独特性质赋予了量子信息独有的信息处理方式, 基于量子叠加态的量子计算具有神奇的并行计算能力, 可以指数倍地加速大数因子分解算法, 平方根级地加速数据库搜索算法. 网络中不同节点之间的远程量子态制备与操控是远程量子信息处理的重要任务之一.

基于预先共享量子纠缠态非定域相关性, 量子信息可以完成任意已知或未知量子态的远程传送. 按发送方已知或未知需制备量子态信息, 可将远程量子态制备分为量子隐形传态 (quantum teleportation) 和量子态远程制备 (remote state preparation, RSP) 两种类型 [1]. 在量子隐形传态中, 发送方和接收方都未知需制备量子态信息, 远程量子态传送所消耗的通信资源是固定的, 即每传送 1 量子比特 (qubit) 需要消耗 1 个双量子比特最大纠缠以及交换 2 比特 (bit) 经典信息 [2]. 远程量子态制备过程中, 若发送方已知需制备量子态信息, 依据已知需制备量子态信息, 选择执行相应的量子测量, 则对于某一类特殊量子态, 远程量子态制备所消耗的通信资源可减少. 将这一过程称为量子态远程制备 [3-5]. IBM 公司的 Bennett 首先开展了远程量子态制备研究. 1993 年, 他与加拿大蒙特利尔大学的 Brassard 提出第一个量子隐形传态方案 [2]. 2000 年, 他与 Lo, Pati 等又提出了量子态远程制备方案 [3-5]. 这些方案都是基于双粒子纠缠态完成任意已知或未知单量子比特态的远程制备. 此后, 人们提出了多种不同的量子态远程制备模型, 包括可信量子态远程制备 (faithful remote state preparation) [6], 低纠缠量子态远程制备 (low-entanglement remote state preparation)[7], 最优量子态远程制备 (optimal remote state preparation)[8], 高维量子态远程制备 (high-dimensional remote state preparation)[9], 多粒子量子态远程制备 (multiparticle remote state preparation)[10] 等不同的理论方案. 这些方案针对远程量子态制备的不同方面开展研究, 因而不同的方案具有不同的特点[11−21].

与远程量子态制备类似, 基于预先共享的量子纠缠信道, 量子信息还可以完成任意量子操控的远程传送. 按发送方已知或未知需远程传送量子操控信息, 可将量子操控远程传送分为量子操控远程实现 (remote implementation of quantum operation, RIO)[22] 和量子远程操控 (quantum remote control, QRC)[23] 两种类型. 在量子操控远程实现中, 发送方和接收方都未知传送量子操控信息, 每完成一个单量子比特态, 任意操控的远程传送需消耗的资源是量子隐形传态的 2 倍, 即需消耗 2 个双量子比特最大纠缠态和交换 4 比特的经典信息. 同样, 如果在量子操控远程传送中发送方已知需传送量子操控信息, 则可以依据已知信息选择执行相应的量子操作和量子测量, 协助远方的接收方完成对任意量子态的操控. 对于某一类特殊的量子操控, 所需消耗的资源可少于量子操控远程实现. 2001 年, Huelga 等[22] 提出了第一个量子操控远程实现模型. 2002 年, 他们又提出了量子态远程操控模型[23]. 此后为增加量子操控远程传送安全, 人们将量子态远程操控扩展到量子态多方远程联合操控[24−28].

近 20 年来, 远程量子态制备与操控在实验上取得了巨大进展. 奥地利 Zeilinger 研究小组于 1997 年采用参量下转换装置产生的纠缠光子完成光子偏振态隐形传态, 成功率为 25%[29]. 意大利的 Furusawa 研究组也于 1998 年以连续氩离子激光器为光源完成单光子态隐形传态实验[30]. 2004 年, 美国 Barrett 等[31] 在以纠缠离子为量子信道的量子隐形传态实验中完成了传输距离为 30μm 的原子态隐形传态, 保真度可以达到 78%. 2003 年, 欧洲小组完成了空间间隔距离为 55m 的光纤连接, 距离为 2km 的量子态隐形传送[32]. 2004 年, Zeilinger 研究小组在多瑙河底光纤中实现了 600m 的量子态隐形传送[33]. 2012 年, 欧洲小组在自由空间的量子隐形传态实验中传输距离达到了 143km[34]. 2013 年, Krauter 等[35] 完成基于连续变量的量子隐形传态实验. 近年来, 我国的科学工作者在远程量子态制备与操控实验上也做了很多工作. 中国科学院武汉物理与数学研究所使用核磁共振技术完成了国际上第一个量子态远程制备实验[36]. 国防科技大学实现了仅基于线性光学元件的任意单光子态远程制备实验[37]; 中国科学技术大学 (简称中科大) 首先实现了任意单光子态旋转操作远程传送实验[38], 完成任意双量子光子偏振态隐形传态实验[39]; 清华大学与中科大联合组开展了自由空间量子隐形传态实验研究[40]; 中国科学院在远距离量子态制备实验中也做了大量研究[41].

　　自从 1993 年第一个量子隐形传态方案提出以来, 我国科技工作者在远程量子信息处理研究方面做了大量突出工作, 包括量子态远程制备, 量子操控远程实现, 部分未知量子操控远程联合实现, 量子态可控联合制备等各个方面. 这些研究工作在理论和实验上都取得了大量优秀的成果.

　　本书主要就远程量子态制备与操控一些新模型的物理原理进行讨论, 包括远程量子态制备和远程量子态操控.

第2章 量子测量

远程量子态制备中发送方可依据已知需制备量子态信息, 选择执行相应的量子测量, 不同的测量方案对远程量子信息处理效率的影响很大, 在此对量子力学中量子测量基本假设以及两种基本测量进行简要介绍.

与经典信息类似, 量子信息的基本信息单位成为量子比特. 经典比特两个态用数字 0, 1 表示, 量子比特两个量子态用 $|0\rangle$, $|1\rangle$ 表示. 与经典信息不同的是, 量子比特还可以处于状态 $|0\rangle$, $|1\rangle$ 的叠加态 $|\varphi\rangle = \alpha|0\rangle + \beta|1\rangle$, 其中复数 α, β 满足归一化条件 $|\alpha|^2 + |\beta|^2 = 1$. 对同样的叠加态 $|\varphi\rangle$ 进行在计算基下的测量可能会获得不同的测量结果 $|0\rangle$ 或 $|1\rangle$, 获得测量结果 $|0\rangle$ 的概率为 $|\alpha|^2$, 获得 $|1\rangle$ 的概率为 $|\beta|^2$. 测量后量子态坍缩到与测量结果相应的状态.

根据量子力学测量假设, 量子测量可用一组测量算子 $M_i(i = 1, 2, \cdots, n)$ 描述, 算子满足完备性关系: $\sum_{i=1}^{n} M_i M_i^{\dagger} = I$. 初态为 $|\psi\rangle$ 的量子系统, 测量后得到结果为 M_i 的概率为 $p_i = \langle\psi| M_i^{\dagger} M_i |\psi\rangle$, 测量后系统坍缩到与测量结果相应的状态:

$$|\psi\rangle_i = \frac{M_i |\psi\rangle}{\langle\psi| M_i^{\dagger} M_i |\psi\rangle}.$$

2.1 正交投影测量

在量子测量中, 若量子测量可用一组幺正算符 $P_i(i = 1, 2, \cdots, n)$ 表

示, 算符满足完备性关系且两两正交:

$$\sum_{i=1}^{n} P_i P_i^\dagger = I,$$

$$P_i^\dagger P_j = \delta_{ij}.$$

测量后系统处于状态 $\dfrac{P_i |\psi\rangle}{\langle\psi| P_i^\dagger P_i |\psi\rangle}$ 的概率为 $\langle\psi| P_i^\dagger P_i |\psi\rangle$. 则该测量为正交投影测量. 如对量子态 $|\varphi\rangle = \alpha |0\rangle + \beta |1\rangle$ 作 Z 基下的正交投影测量, 则两个测量算子 P_0, P_1 可表示为

$$P_0 = |0\rangle \langle 0|, \quad P_1 = |1\rangle \langle 1|.$$

测量后系统处于状态 $|0\rangle$ 的概率为

$$p_0 = (\alpha^* \langle 0| + \beta^* \langle 1|) |0\rangle \langle 0| |0\rangle \langle 0| (\alpha |0\rangle + \beta |1\rangle)$$
$$= |\alpha|^2,$$

处于状态 $|1\rangle$ 的概率为 $|\beta|^2$.

2.2　半正定算子测量

在正交投影测量中, 测量算子除了需要满足归一化关系外, 还需要两两正交, 量子态远程制备中, 基于已知量子态信息建立正交投影测量难度较高. 在量子测量中除了正交投影测量之外, 还有一种常用的测量, 称为半正定算子测量 (positive operator valued measure, POVM).

假设 $M_i(i = 1, 2, \cdots, n)$ 为一组测量算子, 则由测量基本假设, 初态为 $|\psi\rangle$ 的量子系统, 测量后得到结果 M_i 的概率为 $p_i = \langle\psi| M_i^\dagger M_i |\psi\rangle$. 定义算子 $E_i(i = 1, 2, \cdots, n)$

$$E_i = M_i^\dagger M_i.$$

则初态为 $|\psi\rangle$ 的量子系统, 测量后得到结果 M_i 的概率可由公式 $p_i = \langle\psi|\,E_i\,|\psi\rangle$ 确定. 算子 $E_i(i = 1, 2, \cdots, n)$ 满足完备性方程

$$\sum_{i=1}^{n} E_i = I.$$

称与算子 $\{E_i, i = 1, 2, \cdots, n\}$ 相应的测量为半正定算子测量.

第3章 量子态多方联合制备

量子态远程制备 (RSP) 是经典通信中没有对应的纯量子效应. 在量子态远程制备过程中, 基于预先共享量子纠缠信道非定域相关性, 需传送量子态信息被分解为量子关联和经典信息, 并在接收方粒子处重建. 这样做可以避免直接发送粒子或发送粒子信息时被拦截窃听的危险, 从而提高远程量子态制备安全性与效率.

在量子态远程制备中, 不同的发送方按已知需制备量子态信息选择相应的量子测量来提高量子态远程制备效率和安全. 因此, 我们可以根据发送方的不同将量子态远程制备大体上分为三类: ① 基于单个发送方的量子态远程制备模型; ② 基于多个发送方的量子态远程联合制备模型; ③ 基于多个发送方和控制方的量子态远程可控联合制备模型. 下面我们主要介绍前两类量子态远程制备模型.

3.1 RSP 方案

Bennett, Pati 和 Lo 首先开展了量子态远程制备研究 [3-5]. Pati 在 2000 年提出的量子态远程制备方案简称 Pati-RSP 方案 [4]. Pati-RSP 方案以双量子比特最大纠缠态为量子纠缠信道. 在量子信息中, 双量子比特最大纠缠态是由 2 个量子比特组成的具有最大纠缠度的复合量子系统, 也称为 Bell 态或 EPR 态.

$$|\varphi^+\rangle_{AB} = \frac{1}{\sqrt{2}}(|00\rangle + |11\rangle)_{AB},$$

$$|\varphi^-\rangle_{AB} = \frac{1}{\sqrt{2}}(|00\rangle - |11\rangle)_{AB},$$

$$|\psi^+\rangle_{AB} = \frac{1}{\sqrt{2}}(|01\rangle + |10\rangle)_{AB},$$

$$|\psi^-\rangle_{AB} = \frac{1}{\sqrt{2}}(|01\rangle - |10\rangle)_{AB}.$$

单量子比特翻转操作:

$$\sigma_x = \begin{bmatrix} 0 & 1 \\ 1 & 0 \end{bmatrix}, \quad \sigma_z = \begin{bmatrix} 1 & 0 \\ 0 & -1 \end{bmatrix}$$

可实现不同 Bell 态之间的转化:

$$\sigma_x |\varphi^\pm\rangle_{AB} = |\psi^\pm\rangle_{AB},$$

$$\sigma_z |\varphi^\pm\rangle_{AB} = |\varphi^\mp\rangle_{AB}.$$

3.1.1 Pati-RSP 方案

在 Pati-RSP 方案中, 发送方 Alice 和接收方 Bob 共享一个双粒子最大纠缠态 $|\psi^-\rangle_{AB}$. 其中, 发送方 Alice 拥有纠缠粒子 A, 接收方 Bob 拥有纠缠粒子 B. 任意单量子比特态 $|\varphi\rangle_\chi$ 可表示为

$$|\varphi\rangle_\chi = \alpha|0\rangle + \beta|1\rangle,$$

其中, α 为任意实数, β 为任意复数. 发送方 Alice 完全已知需制备量子态 $|\varphi\rangle_\chi$ 信息, 接收方 Bob 未知需制备量子态信息. 发送方 Alice 的任务是协助远方接收方 Bob 在他的纠缠粒子 B 上重建需制备量子态 $|\varphi\rangle_\chi$.

在安全建立量子纠缠信道后, 发送方依据已知需制备量子态信息 α, β 对手中的纠缠粒子执行测量基 $\{|\varphi\rangle_A, |\varphi_\perp\rangle_A\}$ 下的正交投影测量:

$$|0\rangle_A = (\alpha|\varphi\rangle - \beta|\varphi_\perp\rangle)_A,$$

$$|1\rangle_A = (\beta^* |\varphi\rangle + \alpha |\varphi_\perp\rangle)_A,$$

其中, 量子态 $|\varphi_\perp\rangle = \alpha |1\rangle - \beta^* |0\rangle$ 与量子态 $|\varphi\rangle = \alpha |0\rangle + \beta |1\rangle$ 正交. 复合系统量子态可改写为

$$|\psi^-\rangle_{AB} = \frac{1}{\sqrt{2}} (|\varphi\rangle_A |\varphi_\perp\rangle_B - |\varphi_\perp\rangle_A |\varphi\rangle_B).$$

即对粒子 A 作 $\{|\varphi\rangle_A, |\varphi_\perp\rangle_A\}$ 基下的正交投影测量. 若测量结果为 $|\varphi_\perp\rangle$, 测量后粒子 A, B 所组成的复合系统量子态可由测量算子 $|\varphi_\perp\rangle \langle\varphi_\perp|$ 所确定:

$$|\varphi_\perp\rangle_A \langle\varphi_\perp| |\psi^-\rangle_{AB} = |\varphi_\perp\rangle_A |\varphi\rangle_B.$$

Alice 通过向 Bob 传送 1 比特的经典信息将她的测量结果传递给接收方 Bob. 若 Alice 正交投影测量结果为 $|\varphi_\perp\rangle$, 则粒子 B 所处状态 $|\varphi\rangle_B$ 即需制备量子态. Bob 不需要对手中的纠缠粒子执行任何局域幺正操作, 量子态远程制备成功. 若 Alice 正交投影测量结果为 $|\varphi\rangle$, 则粒子 B 处于状态 $|\varphi_\perp\rangle_B$. 在未知需制备量子态信息的情况下, Bob 无法通过局域幺正操作将量子态 $|\varphi_\perp\rangle_B$ 转化为需制备量子态 $|\varphi\rangle_B$, 量子态远程制备失败. 根据量子测量假设可知量子态远程制备的成功概率即 Alice 对粒子 A 执行正交基 $\{|\varphi\rangle_A, |\varphi_\perp\rangle_A\}$ 下的正交投影测量, 获得测量结果 $|\varphi_\perp\rangle$ 的概率为

$$P_s =_{AB} \langle\psi^-| |\varphi_\perp\rangle_A \langle\varphi_\perp| |\varphi_\perp\rangle_A \langle\varphi_\perp| |\psi^-\rangle_{AB} = \frac{1}{2}.$$

若需制备量子态为任意单量子比特态, 发送方仅需向接收方传送 1 比特经典信息用于传递她的单粒子正交测量结果, 方案所消耗的经典通信量少于量子隐形传态. 由于单粒子测量结果为 $|\varphi\rangle$ 时, 无法通过局域

幺正操作重建需制备量子态, 量子态远程制备失败. 任意单量子比特态远程制备成功率为 1/2.

若需制备量子态为某一类特殊量子态, 方案成功率可达 100%. 假设需制备量子态系数均为实数 $|\varphi\rangle_\chi = \cos\dfrac{\theta}{2}|0\rangle + \sin\dfrac{\theta}{2}|1\rangle$. 发送方测量结果为 $|\varphi\rangle$, 粒子 B 坍缩到与测量结果相应的状态 $|\varphi_\perp\rangle_B = \cos\dfrac{\theta}{2}|1\rangle - \sin\dfrac{\theta}{2}|0\rangle$, 此时接收方可通过执行局域幺正操作 σ_x, σ_z 重建需制备量子态 $|\varphi\rangle$.

$$\sigma_z\sigma_x\left(\cos\frac{\theta}{2}|1\rangle - \sin\frac{\theta}{2}|0\rangle\right) = \cos\frac{\theta}{2}|0\rangle + \sin\frac{\theta}{2}|1\rangle.$$

3.1.2   Pati-RSP 方案通信效率

在量子态远程制备原始方案中, 对于系数均为实数的这一类量子态, 每传送 1 量子比特信息, 需要消耗 1 个双量子比特最大纠缠态, 交换 1 比特经典信息. 总信息传输效率为 1/3.

$$\eta = \frac{q_u}{q_t + b_t},$$

其中, q_u 为传输的量子比特, q_t 表示传输的总量子比特, b_t 为传输过程中交换的经典比特. 对于某一类特殊量子态, 量子态远程制备信息传输效率可高于量子隐形传态.

对于有噪声信道高维多粒子态远程制备, 量子态远程制备还需要引入其他测量方式, 即基于需制备量子态和纠缠信道信息的半正定算子测量. 对于用非最大纠缠信道代替最大纠缠信道实现量子态远程制备的情况, 制备量子态保真度受到信道噪声的影响. 如果使用非最大纠缠态作为量子纠缠信道, 那么可能存在加载在量子态上的信息的失真. 这样在噪声信道下的量子态远程制备存在一定的量子信息失真问题.

3.2 半正定算子测量量子态联合制备 (POVM-JRSP)

量子测量除了有正交投影测量外, 还有一种常用的量子测量, 半正定算子测量. 与正交投影测量相比, 半正定算子测量对测量的限制更少, 因而具有更广泛的应用. 量子测量在量子信息处理中有重要作用, 选择适当的测量方法可以提高量子态远程制备效率.

半正定算子测量量子态联合制备 (positive operator valued measure joint remote state preparation, POVM-JRSP) 是基于半正定算子测量特有性质而设计的高维多粒子态远程联合制备方案.

3.2.1 POVM-JRSP 方案原理

处于纠缠态的粒子具有神奇的非定域相关性, 对其中一个粒子的测量会导致另一个粒子状态的坍缩. 处于纠缠态粒子间的这种非定域相关性不受两个粒子空间距离的影响. 利用预先共享量子纠缠信道的非定域相关性, 量子信息可以把任意量子态信息分解为量子关联和经典信息, 传递给远方的接收方, 并在接收方量子系统上重组, 重建原来的量子态, 而不需要传送携带量子信息的量子系统.

与远程量子态制备类似, 量子态联合制备以预先共享量子纠缠态为量子信道, 发送方已知需制备量子态信息, 并依据已知信息协助远方接收方实现量子态远程制备. 与量子态远程制备不同的是, 量子态联合制备中多个发送方共享, 而不是单个发送方已知需制备量子态信息, 因而可以提高远程量子态制备的安全性. 下面以非最大纠缠信道下任意高维单粒子态远程联合制备为例加以说明.

与单量子比特态类似, 任意高维单量子态可表示为

$$|\Psi\rangle = \sum_{k=0}^{d-1} \alpha_k \mathrm{e}^{\mathrm{i}\lambda_k} |k\rangle,$$

其中, $\lambda_0 = 0$, 实系数 $\alpha_k(k = 0, 1, \cdots, d-1)$ 和 $\lambda_k \in \{0, 2\pi\}$ 满足归一化条件 $\sum_{k=0}^{d-1} |\alpha_k|^2 = 1$.

为完成量子态 $|\Psi\rangle$ 的联合制备, 所有 n 个发送方 Alice$_1$, Alice$_2$, $\cdots$, Alice$_n$ 共享需制备量子态 $|\Psi\rangle$ 信息. 即第一个发送方 Alice$_1$ 已知所有系数 $\alpha_0, \alpha_1, \cdots, \alpha_{d-1}$, 其他 $n-1$ 个发送方共享系数 $\lambda_k(k = 0, 1, \cdots, d-1)$ 信息. 即第 j 个发送方 Alice$_j(j = 2, 3, \cdots, n)$ 已知 $\lambda_{j,k}$:

$$\sum_{j=2}^{n} \lambda_{j,k} = \lambda_k,$$

其中, $\lambda_{j,0} = 0$. 与二维系统类似, 与 Alice$_j$ 已知信息 $\lambda_{j,k}$ 对应的正交投影测量基可表示为 $\{|\psi_{j,l_j}\rangle, j = 2, \cdots, n\}$, 其中,

$$|\psi_{j,l_j}\rangle = \frac{1}{\sqrt{d}} \sum_{k=0}^{d-1} \mathrm{e}^{-\left(\mathrm{i}\lambda_{j,k} + \frac{2\pi\mathrm{i}}{d} l_j k\right)} |k\rangle.$$

$l_j = 0, \cdots, d-1$ 用于表示 Alice$_j$ 的 d 个互相正交态 $|\psi_{j,l_j}\rangle$.

假设通信方所共享的量子纠缠信道为一个 $n + 1$ 粒子纠缠态 (纯纠缠态):

$$|\Phi\rangle = \sum_{j=0}^{d-1} \beta_j |jj \cdots j\rangle_{a_1 \cdots a_{n+1}},$$

其中, $\beta_j(j = 0, \cdots, d-1)$ 为复数.

为完成需制备量子态的联合概率远程制备, Alice$_1$ 依据已知量子态信息对她手中纠缠粒子 a_1 执行 POVM 测量. POVM 测量可表示为

$$E_t = x|\varphi_t\rangle\langle\varphi_t|,$$

$$E_d = I - x \sum_{t=0}^{d-1} |\varphi_t\rangle\langle\varphi_t|,$$

其中, $t = 0, 1, \cdots, d-1$,

$$|\varphi_t\rangle = \sum_{s=0}^{d-1} \mathrm{e}^{-\frac{2\pi\mathrm{i}}{d}st} \frac{\alpha_s}{\beta_s^*}|s\rangle.$$

系数 x 具有一定的取值范围以确保测量算子 E_d 为正定算子. 与文献类似, 系数 x 的取值可以由算子 E_t 的矩阵形式确定:

$$E_t = x \begin{pmatrix} \frac{\alpha_0^2}{|\beta_0|^2} & \frac{\alpha_0\alpha_1}{\beta_0^*\beta_1}\mathrm{e}^{\frac{2\pi\mathrm{i}}{d}t} & \cdots & \frac{\alpha_0\alpha_{d-1}}{\beta_0^*\beta_{d-1}}\mathrm{e}^{\frac{2\pi\mathrm{i}}{d}(d-1)t} \\ \frac{\alpha_1\alpha_0}{\beta_1^*\beta_0}\mathrm{e}^{-\frac{2\pi\mathrm{i}}{d}t} & \frac{\alpha_1^2}{|\beta_1|^2} & \cdots & \frac{\alpha_1\alpha_{d-1}}{\beta_1^*\beta_{d-1}}\mathrm{e}^{\frac{2\pi\mathrm{i}}{d}(d-2)t} \\ \vdots & \vdots & & \vdots \\ \frac{\alpha_{d-1}\alpha_0}{\beta_{d-1}^*\beta_0}\mathrm{e}^{-\frac{2\pi\mathrm{i}}{d}(d-1)t} & \frac{\alpha_{d-1}\alpha_1}{\beta_{d-1}^*\beta_1}\mathrm{e}^{-\frac{2\pi\mathrm{i}}{d}(d-2)t} & \cdots & \frac{\alpha_{d-1}^2}{|\beta_{d-1}|^2} \end{pmatrix},$$

$$E_d = \begin{pmatrix} 1 - dx\frac{\alpha_0^2}{|\beta_0|^2} & 0 & \cdots & 0 \\ 0 & 1 - dx\frac{\alpha_1^2}{|\beta_1|^2} & \cdots & 0 \\ \vdots & \vdots & & \vdots \\ 0 & 0 & \cdots & 1 - dx\frac{\alpha_{d-1}^2}{|\beta_{d-1}|^2} \end{pmatrix}.$$

假设 $\dfrac{|\beta_q|^2}{\alpha_q^2} = \min\left\{\dfrac{|\beta_j|^2}{\alpha_j^2}, j = 0, 1, \cdots, d-1\right\}$. 由算子 E_d 的正定性条件, x 的最大取值为 $\dfrac{1}{d}\dfrac{|\beta_q|^2}{\alpha_q^2}$.

存在一组广义测量算子

$$M_t = \sqrt{\frac{x}{A}} |\varphi_t\rangle\langle\varphi_t|,$$

其中,

$$A = \frac{\alpha_0^2}{|\beta_0|^2} + \frac{\alpha_1^2}{|\beta_1|^2} + \cdots + \frac{\alpha_{d-1}^2}{|\beta_{d-1}|^2},$$

$$M_d = \sqrt{1 - dx\frac{\alpha_0^2}{|\beta_0|^2}}|0\rangle\langle0| + \cdots + \sqrt{1 - dx\frac{\alpha_{d-1}^2}{|\beta_{d-1}|^2}}|d-1\rangle\langle d-1|.$$

广义测量算子 $M_l(l = 0, 1, \cdots, d)$ 满足

$$E_l = M_l^\dagger M_l$$

和完备性关系

$$\sum_{l=0}^d M_l^\dagger M_l = I.$$

POVM 测量后, 粒子 $a_1, \cdots, a_{n+1}$ 组成复合系统状态, 可以由广义测量算子 $\{M_t\}$ 确定:

$$M_t|\Phi\rangle = |\varphi_t\rangle_{a_1} \otimes |\phi_t\rangle_{a_2,\cdots,a_{n+1}}.$$

其中,

$$|\phi_t\rangle = \left(\alpha_0|0\cdots0\rangle + \cdots + \alpha_{d-1}\mathrm{e}^{\frac{2\pi\mathrm{i}}{d}(d-1)t}|d-1\cdots d-1\rangle\right)_{a_2,\cdots,a_{n+1}}.$$

即当 POVM 测量结果为 $E_t(t = 0, 1, \cdots, d-1)$ 时, 剩余粒子 $a_2, \cdots, a_{n+1}$ 所组成的复合系统坍缩到与测量结果相一致的状态 $|\phi_t\rangle$.

为完成任意单量子比特联合制备, 其他发送方 $\mathrm{Alice}_j(j = 2, \cdots, n)$ 对她手中的粒子 a_j 执行 $\{|\psi_{j,l_j}\rangle\}$ 基测量. 粒子 $a_2, \cdots, a_n$ 组成的复合系统状态可改写为

$$|\phi_t\rangle = \frac{1}{\sqrt{d^{n-1}}} \sum_{l_2,\cdots,l_n=0}^{d-1} \Bigg[|\psi_{2,l_2}\rangle_{a_2} \otimes |\psi_{3,l_3}\rangle_{a_3} \otimes \cdots \otimes |\psi_{n,l_n}\rangle_{a_n}$$

$$\otimes \sum_{j=0}^{d-1} \alpha_j e^{\left(i\lambda_j + \frac{2\pi i}{d} lj\right)} |j\rangle_{a_{n+1}} \Bigg],$$

式中, $l = l_2 + \cdots + l_n + t$.

发送方 Alice$_j$ 对她手中的粒子 a_j 执行 $\{|\psi_{j,l_j}\rangle\}$ 测量后, 粒子 a_{n+1} 状态坍缩到 $|\xi_{n+1}\rangle$, 如果 Alice$_j$ 测量结果为 $|\psi_{j,l_j}\rangle (j = 2, \cdots, n)$:

$$|\xi\rangle_{a_{n+1}} = \sum_{j=0}^{d-1} \alpha_j e^{\left(i\lambda_j + \frac{2\pi i}{d} lj\right)} |j\rangle.$$

接收方 Bob 依据所有发送方测量结果, 对手中的粒子 a_{n+1} 执行相应的局域幺正操作, 可重建需制备量子态. 与文献 [13] 相似, 计算基 $\{|0\rangle, \cdots, |d-1\rangle\}$ 下, 局域幺正演化为

$$U_l = \sum_{j=0}^{d-1} e^{-\frac{2\pi i}{d} jl} |j\rangle\langle j|,$$

即

$$U_l|\xi\rangle_{a_{n+1}} = \sum_{j=0}^{d-1} \alpha_j e^{\lambda_j} |j\rangle.$$

如果 Alice$_1$ 的 POVM 测量结果为 $E_m, m = 0, \cdots, d-1$, 量子态联合制备成功; 否则量子态制备失败. 量子态联合制备的成功概率为 $\frac{|\beta_q|^2}{\alpha_q^2}$, 其中 $\frac{|\beta_q|^2}{\alpha_q^2} = \min\left\{\frac{|\beta_j|^2}{\alpha_j^2}, j = 0, 1, \cdots, d-1\right\}$.

现在, 我们将方案推广到任意高维多粒子态联合制备. 与任意单粒子态联合制备类似, 所有发送方共享需制备量子态信息, 接收方只有与所

有发送方合作才能制备原来量子态. 为完成任意高维多粒子态联合制备, 所有代理应该使用与前面讨论类似的方法先共享 m 个多粒子纠缠态, 然后所有发送方依据已知量子态信息对手中的粒子选取合适的测量, 接收方依据手中粒子状态与所有发送方测量结果之间的对应关系施加相应的局域幺正操作完成量子态制备. 任意高维多粒子态可表示为

$$|\Psi'\rangle = \sum_{k_1,k_2,\cdots,k_m=0}^{d-1} \alpha_{k_1,k_2,\cdots,k_m} e^{i\lambda_{k_1,k_2,\cdots,k_m}}|k_1 k_2 \cdots k_m\rangle,$$

其中, $\lambda_{0,0,\cdots,0} = 0$, d^m 个实系数 $\alpha_{k_1,k_2,\cdots,k_m}(k_1,k_2,\cdots,k_m = 0,1,\cdots,d-1)$ 以及 $\lambda_{k_1,k_2,\cdots,k_m} \in \{0,2\pi\}$ 满足归一化关系:

$$\sum_{j=0}^{d-1} |\alpha_{k_1,k_2,\cdots,k_m}|^2 = 1.$$

与任意单粒子态联合制备相似, n 个发送方共享需制备量子态 $|\Psi'\rangle$ 信息. 与文献 [43] 类似, 第一个发送方 $Alice_1$ 已知所有系数 $\alpha_{k_1,k_2,\cdots,k_m}$ 信息, 其余 $n-1$ 个发送方 $Alice_2, Alice_3, \cdots, Alice_n$ 共享系数 $\lambda_{k_1,k_2,\cdots,k_m}$ 信息. 即第 j 个发送方 $Alice_j(j = 2,3,\cdots,n)$ 已知 d^m 个实系数 $\lambda_{j,k_1,k_2,\cdots,k_m}$, 其中 $\lambda_{j,0,0,\cdots,0} = 0$ 满足条件:

$$\sum_{j=2}^{n} \lambda_{j,k_1,k_2,\cdots,k_m} = \lambda_{k_1,k_2,\cdots,k_m}.$$

与 $Alice_j$ 所已知信息相应的 m 粒子正交投影测量可表示为

$$|\psi'_{j,l_{j1},\cdots,l_{jm}}\rangle = \frac{1}{\sqrt{d^m}} \sum_{k_1,\cdots,k_m=0}^{d-1} e^{-\left(i\lambda_{j,k_1,\cdots,k_m}+\frac{2\pi i}{d^m}l'_j k'\right)}|k_1 \cdots k_m\rangle,$$

其中, $l_{j1},\cdots,l_{jm} = 0,\cdots,d-1$ 用于表示 d^m 个正交态 $|\psi'_{j,l_{j1}\cdots l_{jm}}\rangle$,

$$k' = k_1 d^{m-1} + \cdots + k_m,$$

$$l'_j = l_{j1}d^{m-1} + \cdots + l_{jm}.$$

假设 Alice_1 所制备的 m 个多粒子纠缠态为纯纠缠态. 量子信道由 $n+1$ 粒子纯纠缠态序列组成:

$$|\Phi'\rangle = \prod_{l=1}^{m}(\beta_0|0\cdots0\rangle_{a_1,\cdots,a_{n+1}} + \cdots$$
$$+ \beta_{d-1}|d-1,\cdots,d-1\rangle_{a_1,\cdots,a_{n+1}})_l.$$

Alice_1 将第 $l(l=1,2,\cdots,m)$ 个纠缠态中的第 $k(k=2,\cdots,n)$ 个粒子 $a_{k,l}$ 发送给 Alice_k, 第 $n+1$ 个粒子 $a_{n+1,l}$ 发送给接收方 Bob, 保留每个纠缠态中的第一个粒子 $a_{1,l}$.

与任意单粒子态制备的情形类似, POVM 算子可表示为

$$E_{t_1,t_2,\cdots,t_m} = x'|\varphi_{t_1,t_2,\cdots,t_m}\rangle\langle\varphi_{t_1,t_2,\cdots,t_m}|,$$

$$E_d = I - x'\sum_{t_1,\cdots,t_m=0}^{d-1}|\varphi_{t_1,\cdots,t_m}\rangle\langle\varphi_{t_1,\cdots,t_m}|,$$

其中, $t_1,t_2,\cdots,t_m = 0,1,\cdots,d-1,$

$$|\varphi_{t_1,t_2,\cdots,t_m}\rangle = \sum_{s_1,s_2,\cdots,s_m=0}^{d-1} \mathrm{e}^{-\frac{2\pi i}{d^m}st} \frac{\alpha_{s_1\cdots s_m}}{\beta_{s_1}^*\cdots\beta_{s_m}^*}|s_1\cdots s_m\rangle,$$

$$t = t_1 d^{m-1} + \cdots + t_m, \quad s = s_1 d^{m-1} + \cdots + s_m.$$

与单量子态情况类似, 系数 x' 有一定的取值范围以保证算子 E_d 为正定算子. 系数 x' 的值可由算子 $E_{t_1,\cdots,t_m}$ 的矩阵形式确定.

$$E_{t_1,\cdots,t_m} = x' \begin{pmatrix} \dfrac{\alpha_{0,\cdots,0}^2}{|\beta_0|^{2m}} & \cdots & \dfrac{\alpha_{0,\cdots,0}\alpha_{0,\cdots,1}}{(\beta_0^*)^m\beta_0^m\beta_1}\mathrm{e}^{-\frac{2\pi i}{d^m}t} & \cdots & \dfrac{\alpha_{0,\cdots,0}\alpha_{d-1,\cdots,d-1}}{(\beta_0^*)^m\beta_{d-1}^m}\mathrm{e}^{\frac{2\pi i}{d^m}t(d^m-1)} \\[2ex] \vdots & & \vdots & & \vdots \\[2ex] \dfrac{\alpha_{0,\cdots,1}\alpha_{0,\cdots,0}}{(\beta_0^*)^{m-1}\beta_1^*\beta_0^m}\mathrm{e}^{\frac{2\pi i}{d^m}t} & \cdots & \dfrac{\alpha_{0,\cdots,1}^2}{|\beta_0|^{2m-2}|\beta_1|^2} & \cdots & \dfrac{\alpha_{0,\cdots,1}\alpha_{d-1,\cdots,d-1}}{(\beta_0^*)^{m-1}\beta_1^*\beta_{d-1}^m}\mathrm{e}^{\frac{2\pi i}{d^m}t(d^m-2)} \\[2ex] \vdots & & \vdots & & \vdots \\[2ex] \dfrac{\alpha_{d-1,\cdots,d-1}\alpha_{0,\cdots,0}}{(\beta_{d-1}^*)^m\beta_0^m}\mathrm{e}^{-\frac{2\pi i}{d^m}t(d^m-1)} & \cdots & \dfrac{\alpha_{d-1,\cdots,d-1}\alpha_{0,\cdots,1}}{(\beta_{d-1}^*)^m\beta_0^{m-1}\beta_1}\mathrm{e}^{-\frac{2\pi i}{d^m}t(d^m-2)} & \cdots & \dfrac{\alpha_{d-1,\cdots,d-1}^2}{|\beta_{d-1}|^{2m}} \end{pmatrix},$$

$$E_d = \begin{pmatrix} 1 - d^m x'\dfrac{\alpha_{0,\cdots,0}^2}{|\beta_0|^{2m}} & 0 & \cdots & 0 & 0 & \cdots \\[2ex] 0 & 1 - d^m x'\dfrac{\alpha_{0,\cdots,1}^2}{|\beta_0|^{2m-2}|\beta_1|^2} & \cdots & 0 & 0 & \cdots \\[2ex] \vdots & \vdots & & \vdots & \vdots & \\[2ex] 0 & 0 & \cdots & 1 - d^m x'\dfrac{\alpha_{d-1,\cdots,d-1}^2}{|\beta_{d-1}|^{2m}} \end{pmatrix}.$$

如果假设

$$\frac{|\beta_{q_1}|^2 \cdots |\beta_{q_m}|^2}{\alpha_{q_1,\cdots,q_m}^2} = \min\left\{\frac{|\beta_{j_1}|^2 \cdots |\beta_{j_m}|^2}{\alpha_{j_1,\cdots,j_m}^2}, j_1,\cdots,j_m = 0,\cdots,d-1\right\}.$$

由算子 E_d 的正定性条件[42], x' 最大取值为 $\dfrac{1}{d^m}\dfrac{|\beta_{q_1}|^2 \cdots |\beta_{q_m}|^2}{\alpha_{q_1,\cdots,q_m}^2}$.

为实现任意高维多粒子态联合制备, 第一个发送方 (Alice$_1$) 执行 m 粒子 POVM, 其余发送方 (Alice$_j$, $j = 2,\cdots,n$) 依据已知量子态信息执行 m 粒子投影测量, 接收方 (Bob) 基于所有发送方测量结果, 对手中的粒子执行相应的局域幺正操作, 可重建原来量子态.

与单量子态联合制备情形类似, 存在一组广义测量算子:

$$M_{t_1,\cdots,t_m} = \sqrt{\frac{x'}{A'}}|\varphi_{t_1,\cdots,t_m}\rangle\langle\varphi_{t_1,\cdots,t_m}|,$$

其中,

$$A' = \sum_{j_1,\cdots,j_m=0}^{d-1} \frac{\alpha_{j_1,\cdots,j_m}^2}{|\beta_{j_1,\cdots,j_m}|^2},$$

以及

$$M_d = \sum_{j_1,\cdots,j_m=0}^{d-1} \sqrt{1 - d^m x' \frac{\alpha_{j_1,\cdots,j_m}^2}{|\beta_{j_1,\cdots,j_m}|^2}}|j_1\cdots j_m\rangle\langle j_1,\cdots,j_m|.$$

广义测量算子满足:

$$E_{t_1,\cdots,t_m} = M_{t_1,\cdots,t_m}^{\dagger} M_{t_1,\cdots,t_m},$$

$$E_d = M_d^{\dagger} M_d,$$

以及完备性关系. POVM 测量后, 粒子 $a_{1,1},\cdots,a_{n+1,m}$ 所组成的复合系统状态可由广义测量算子确定. 即

$$M_{t_1,\cdots,t_m}|\Phi'\rangle = |\varphi_{t_1,\cdots,t_m}\rangle_{a_{1,1},\cdots,a_{1,m}} \otimes |\phi_{t_1,\cdots,t_m}\rangle_{a_{2,1},\cdots,a_{n+1,m}},$$

其中

$$|\phi_{t_1,\cdots,t_m}\rangle = \sum_{s_1,\cdots,s_m=0}^{d-1} e^{\frac{2\pi i}{d^m}st}\alpha_{s_1,\cdots,s_m}|s_1\rangle^{\otimes n}\cdots|s_m\rangle^{\otimes n}.$$

如果 POVM 测量结果为 $E_{t_1,\cdots,t_m}$, 则粒子 $a_{21},\cdots,a_{n+1,m}$ 所组成的复合系统状态坍缩为 $|\phi\rangle_{t_1,\cdots,t_m}$.

为完成任意高维多粒子态联合制备, 发送方 $\text{Alice}_j(j = 2,\cdots,m)$ 依据已知量子态信息对手中的粒子 $a_{j,1}, a_{j,2},\cdots,a_{j,m}$ 执行 m 粒子正交投影测量. 即 Alice_j 对手中的粒子执行 $\{|\psi'_{j,l_{j1},\cdots,l_{jm}}\rangle\}$ 基测量. 粒子 $a_{21},\cdots,a_{n+1,m}$ 所组成的复合系统状态可表示为 (未归一化)

$$|\phi\rangle_{t_1,\cdots,t_m} = \sum_{s_1,\cdots,s_m,l_{21},\cdots,l_{nm}=0}^{d-1} |\psi_{2,l_{21},\cdots,l'_{2m}}\rangle \otimes |\psi_{3,l_{31},\cdots,l'_{3m}}\rangle \otimes \cdots$$
$$\otimes |\psi_{n,l_{n1},\cdots,l'_{nm}}\rangle \otimes e^{i\lambda_{s_1,\cdots,s_m}+\frac{2\pi i}{d^m}ls}\alpha_{s_1,\cdots,s_m}|s_1\cdots s_m\rangle,$$

其中, $l' = t + l'_2 + \cdots + l'_n$.

粒子 $a_{n+1,1}, a_{n+1,2},\cdots,a_{n+1,m}$ 状态由所有测量者的测量结果所决定. 如果 Alice_j 的测量结果为 $|\psi'_{j,l_{j1},\cdots,l_{jm}}\rangle$, 粒子 $a_{n+1,1}, a_{n+1,2},\cdots,a_{n+1,m}$ 坍缩到与测量结果相一致的状态 $|\xi'\rangle_{a_{n+1,1},\cdots,a_{n+1,m}}$.

$$|\xi'\rangle = \sum_{s_1,\cdots,s_m=0}^{d-1} e^{i\lambda_{s_1,\cdots,s_m}}e^{\frac{2\pi i}{d^m}l's}\alpha_{s_1,\cdots,s_m}|s_1\cdots s_m\rangle.$$

接收方 Bob 依据所有发送方测量结果, 选取相应局域幺正操作可重建原来量子态. 即局域幺正操作

$$U'_l = \sum_{j_1,\cdots,j_m=0}^{d-1} e^{-\frac{2\pi i}{d^m}l'j}|j_1,\cdots,j_m\rangle\langle j_1,\cdots,j_m|,$$

其中,

$$j = j_1 d^{m-1} + j_2 d^{m-2} + \cdots + j_m.$$

可将量子态 $|\xi'\rangle_{a_{n+1,1},\cdots,a_{n+1,m}}$ 转化为需制备量子态

$$U_l'|\xi'\rangle_{a_{n+1,1},\cdots,a_{n+1,m}} = |\Psi'\rangle.$$

与文献 [43] 类似, 接收方依据所有发送方测量结果对手中的粒子执行相应的幺正操作就可重建原来量子态. 第一个发送方 Alice$_1$ 通过广播 $\log_2^{(d^m+1)}$ 比特经典信息将测量结果发送给接收方 Bob, 同时也发送给其他 $n-1$ 个信息发送方 Alice$_j(j = 2,\cdots,n)^{[43]}$. 如果 Alice$_1$ 的 POVM 测量结果为 $E_{t_1,\cdots,t_m}(t_1,\cdots,t_m = 0,\cdots,d-1)$, 量子态制备成功; 否则, 量子态制备失败. 如果 Alice$_1$ 的 POVM 测量结果为 $E_{t_1,\cdots,t_m}(t_1,\cdots,t_m = 0,\cdots,d-1)$, 则基于预先共享 m 个纯纠缠态以及第 j 个发送方 Alice$_j(j = 2,\cdots,n)$ 发送给接收方 Bob 的 $\log_2^{d^m}$ 比特经典信息, 可以完成任意高维多粒子态联合制备. 与文献 [42] 类似, 任意高维多粒子态 $|\Psi'\rangle$ 联合制备的成功概率为 $\dfrac{|\beta_{p_1}|^2\cdots|\beta_{p_m}|^2}{\alpha_{p_1,\cdots,p_m}^2}$. 其中

$$\frac{|\beta_{q_1}|^2\cdots|\beta_{q_m}|^2}{\alpha_{q_1,\cdots,q_m}^2} = \min\left\{\frac{|\beta_{j_1}|^2\cdots|\beta_{j_m}|^2}{\alpha_{j_1,\cdots,j_m}^2}, j_1,\cdots,j_m = 0,\cdots,d-1\right\}.$$

3.2.2 POVM-JRSP 方案主要步骤

综合 POVM-JRSP 方案的物理原理, 下面以任意高维 m 粒子态远程联合制备为例, 简要描述 POVM-JRSP 的主要步骤.

第一步: n 个发送方 Alice$_1$, Alice$_2$, $\cdots$, Alice$_n$ 约定共享需制备量子态 $|\Psi\rangle$ 信息方式. 第一个发送方 Alice$_1$ 已知所有系数 $\alpha_{k_1,k_2,\cdots,k_m}$ 信息, 其余 $n-1$ 个发送方 Alice$_2$, Alice$_3$, $\cdots$, Alice$_n$ 共享系数 $\lambda_{k_1,k_2,\cdots,k_m}$ 信息. 即第 j 个发送方 Alice$_j(j = 2,3,\cdots,n)$ 已知 d^m 个实系数 $\lambda_{j,k_1,k_2,\cdots,k_m}$, 其中 $\lambda_{j,0,0,\cdots,0} = 0$ 且满足条件 $\sum\limits_{j=2}^{n}\lambda_{j,k_1,k_2,\cdots,k_m} = \lambda_{k_1,k_2,\cdots,k_m}$.

第二步: 发送方与接收方共享 m 个 $n+1$ 粒子纠缠态, 其中 Alice$_1$ 拥有所有 $n+1$ 粒子纠缠态中的第一个粒子 $a_{1,l}(l=1,2,\cdots,m)$, 第 k 个发送方 Alice$_k(k=2,\cdots,n)$ 拥有所有 $n+1$ 粒子纠缠态中的第 k 个粒子 $a_{k,l}$, 接收方 Bob 拥有所有 $n+1$ 粒子纠缠态中的第 $n+1$ 个粒子 $a_{n+1,l}$.

第三步: 第一发送方 Alice$_1$ 依据已知需制备量子态信息及纠缠信道信息, 对手中的 m 个纠缠粒子执行 m 粒子 POVM 测量, 并公布测量结果.

第四步: 第 k 个发送方 Alice$_k$ 依据第一发送方 Alice$_1$ 以及已知需制备量子态信息对手中的粒子执行正交投影测量, 将测量结果发送给接收方 Bob.

第五步: 接收方 Bob 依据所有发送方的测量结果对手中的粒子选择执行相应的局域幺正操作, 即可在他的纠缠粒子上重建需制备量子态.

综上所述, POVM-JRSP 基于非最大纠缠信道任意高维多粒子态的远程联合制备成功率是由 Alice$_1$ 选择与纠缠信道以及需制备量子态信息相对应的半正定算子测量来决定的. 发送方通过相应的半正定算子测量既可以消除非最大纠缠信道对量子态远程制备的影响又可以将量子态远程联合制备推广到任意高维多粒子态. 这样, POVM-JRSP 就达到了传送任意高维多粒子态的目的, 且不需要引入附加粒子来消除信道噪声的影响, 提高了方案的可行性.

3.2.3　POVM-JRSP 方案效率分析

与文献 [14] 类似, 基于纯纠缠信道的任意高维多粒子态联合制备, Alice 和 Bob 可先对纠缠信道 $|\Phi'\rangle = \prod\limits_{l=1}^{m}(\beta_0|0\cdots0\rangle_{a_1,\cdots,a_{n+1}} + \cdots + \beta_{d-1}|d-$

$1, \cdots, d-1\rangle_{a_1, \cdots, a_{n+1}})_l$ 纠缠转换, 然后制备量子态 $|\Psi'\rangle$. 这种方法在增加交换经典信息量的前提下可以提高量子态联合制备的成功概率.

POVM-JRSP 方案将任意单量子比特态和双量子比特态联合制备方案推广到任意高维多粒子态. 在文献 [10] 中, 基于纯纠缠信道任意单量子比特态联合制备, 接收方需要引入附加粒子并对手中的粒子执行相应的局域幺正操作来完成原量子态的概率重建. 与文献 [42] 不同, 纯纠缠信道下基于 POVM 测量任意高维多粒子态的联合制备中, 发送方依据已知量子态信息选取合适的 POVM 测量. 如果对于所有 $j_1, \cdots, j_m = 0, \cdots, d-1$, 都有 $|\beta_{j_1}|^2 \cdots |\beta_{j_m}|^2 = \alpha_{j_1 \cdots j_m}^2$, 则第一个发送方所执行的为投影测量. 如果与所有发送方合作, 接收方重建原来量子态的概率原理上可达 100%.

基于 m 个纠缠态组成纯纠缠信道以及 POVM 测量, n 个控制方共享需制备量子态信息, 所有控制方依据已知量子态信息选取适当测量, 接收方依据所用发送方测量结果, 对手中的粒子执行相应的局域幺正操作, 就可以概率的重建原来量子态. 如果预先共享的量子信道为纯纠缠态, 方案的成功概率高于其他联合制备方案. 与其他方案相比, 具有在噪声信道下更容易实现的优点.

3.3 双量子比特 JRSP 协议

多粒子纠缠态除了有 GHZ 态外, 还有一些其他类型的多粒子纠缠态, 可以完成远程量子通信任务. 多粒子纠缠簇态比 GHZ 态具有更好的抗噪声性, 在实验上也更容易制备, 因此多粒子纠缠簇态在远程量子信息处理中具有越来越重要的作用, 不仅可以应用于单向量子计算, 还可以应用于远程量子通信.

基于簇态的任意双量子比特态 (joint remote preparation of an arbitrary two-qubit state via cluster state) 远程联合制备模型简记为双量子比特 JRSP, 是基于 6 粒子纠缠簇态的特有性质而设计的量子态远程联合制备模型.

3.3.1　测量匹配方式双量子比特 JRSP 的物理原理与过程

图 3.1 为测量匹配方式双量子比特 JRSP 的线路图. 协议借鉴了基于 GHZ 态的双量子比特态远程联合制备方法.

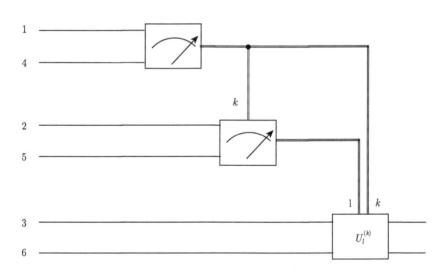

图 3.1　测量匹配方式双量子比特 JRSP 的线路图

在测量匹配双量子比特 JRSP 模型中, 两个发送方 Alice$_1$, Alice$_2$ 共享需制备量子态 $|\Psi\rangle = \alpha_{00}|00\rangle + \alpha_{01}e^{i\lambda_{01}}|01\rangle + \alpha_{10}e^{i\lambda_{10}}|10\rangle + \alpha_{11}e^{i\lambda_{11}}|11\rangle$ 信息, 即 Alice$_1$ 已知所有 $\alpha_{00}, \alpha_{01}, \alpha_{10}, \alpha_{11}$ 信息, Alice$_2$ 已知所有相位 $\lambda_{01}, \lambda_{10}, \lambda_{11}$ 信息. 其中, $\alpha_{00}, \alpha_{01}, \alpha_{10}, \alpha_{11}$ 为实数, $\lambda_{01}, \lambda_{10}, \lambda_{11} \in [0, 2\pi]$,

系数满足归一化关系 $|\alpha_{00}|^2 + |\alpha_{01}|^2 + |\alpha_{10}|^2 + |\alpha_{11}|^2 = 1$. 发送方的任务是协助远方的接收方制备需制备量子态 $|\Psi\rangle$.

发送方和接收方以一个 6 粒子纠缠簇态为量子纠缠信道.

$$|\Phi\rangle_{123456} = \frac{1}{2}\left(|000000\rangle + |000111\rangle + |111000\rangle - |111111\rangle\right),$$

所有通信方共享 1 个 6 粒子纠缠簇态, 即发送方 $Alice_1$ 拥有纠缠粒子 1,4, 发送方 $Alice_2$ 拥有纠缠粒子 2,5, 接收方 Bob 拥有纠缠粒子 3,6.

$Alice_1$ 依据已知需制备量子态信息对纠缠粒子 1,4 执行双粒子正交投影测量, $Alice_2$ 依据 $Alice_1$ 的测量结果以及已知需制备量子态信息对纠缠粒子 2,5 执行正交投影测量, 接收方依据所有测量方结果和他手中的纠缠粒子状态之间的对应关系, 选择相应的局域幺正操作, 在纠缠粒子 3,6 上重建需制备量子态.

与需制备量子态信息 $\alpha_{00}, \alpha_{01}, \alpha_{10}, \alpha_{11}$ 相应的双粒子正交测量基可表示为 $\{|\psi\rangle_0, |\psi\rangle_1, |\psi\rangle_2, |\psi\rangle_3\}$.

$$|\psi_0\rangle_{14} = \alpha_{00}|00\rangle + \alpha_{01}|01\rangle + \alpha_{10}|10\rangle + \alpha_{11}|11\rangle,$$

$$|\psi_1\rangle_{14} = \alpha_{01}|00\rangle - \alpha_{00}|01\rangle - \alpha_{11}|10\rangle + \alpha_{10}|11\rangle,$$

$$|\psi_2\rangle_{14} = \alpha_{10}|00\rangle + \alpha_{11}|01\rangle - \alpha_{00}|10\rangle - \alpha_{01}|11\rangle,$$

$$|\psi_3\rangle_{14} = \alpha_{11}|00\rangle - \alpha_{10}|01\rangle + \alpha_{01}|10\rangle - \alpha_{00}|11\rangle.$$

由粒子 1, 2, 3, 4, 5, 6 所组成的复合系统状态可改写为

$$|\Psi\rangle = \frac{1}{2}|\psi_0\rangle_{14}\left(\alpha_{00}|0000\rangle + \alpha_{01}|0101\rangle + \alpha_{10}|1010\rangle - \alpha_{11}|1111\rangle\right)_{2536}$$

$$+ \frac{1}{2}|\psi_1\rangle_{14}\left(\alpha_{01}|0000\rangle - \alpha_{00}|0101\rangle - \alpha_{11}|1010\rangle - \alpha_{01}|1111\rangle\right)_{2536}$$

$$+ \frac{1}{2}|\psi_2\rangle_{14}\left(\alpha_{10}|0000\rangle + \alpha_{11}|0101\rangle - \alpha_{00}|1010\rangle + \alpha_{01}|1111\rangle\right)_{2536}$$

$$+ \frac{1}{2} |\psi_3\rangle_{14} \left(\alpha_{11} |0000\rangle - \alpha_{10} |0101\rangle + \alpha_{01} |1010\rangle + \alpha_{00} |1111\rangle \right)_{2536} \cdot$$

若 Alice$_1$ 双粒子正交投影测量结果分别为 $|\psi\rangle_0, |\psi\rangle_1, |\psi\rangle_2, |\psi\rangle_3$, 则粒子 2, 5, 3, 6 坍缩到与测量结果相应的状态 $\alpha_{00} |0000\rangle + \alpha_{01} |0101\rangle + \alpha_{10} |1010\rangle - \alpha_{11} |1111\rangle$, $\alpha_{01} |0000\rangle - \alpha_{00} |0101\rangle - \alpha_{11} |1010\rangle - \alpha_{01} |1111\rangle$, $\alpha_{10} |0000\rangle + \alpha_{11} |0101\rangle - \alpha_{00} |1010\rangle + \alpha_{01} |1111\rangle$, $\alpha_{11} |0000\rangle - \alpha_{10} |0101\rangle + \alpha_{01} |1010\rangle + \alpha_{00} |1111\rangle$ 上.

Alice$_1$ 通过向发送方 Alice$_2$ 以及接收方 Bob 传送 2 比特经典信息公布所执行正交投影测量结果. 与基于多粒子 GHZ 态远程联合制备类似, 发送方 Alice$_2$ 依据已知需制备量子态信息以及 Alice$_1$ 的测量结果选取相应正交测量基. 若 Alice$_1$ 的测量结果为 $|\psi_k\rangle$, Alice$_2$ 选取测量基 $\left\{ \left| \varphi_l^{(k)} \right\rangle, k, l = 0, 1, 2, 3 \right\}$. 基于已知需制备量子态信息以及 Alice$_1$ 的测量结果, 正交投影基可由幺正算符 V^k 确定:

$$\begin{pmatrix} \left| \varphi_0^{(k)} \right\rangle \\ \left| \varphi_1^{(k)} \right\rangle \\ \left| \varphi_2^{(k)} \right\rangle \\ \left| \varphi_3^{(k)} \right\rangle \end{pmatrix} = V^{(k)} \begin{pmatrix} |00\rangle \\ |01\rangle \\ |10\rangle \\ |11\rangle \end{pmatrix},$$

其中,

$$V^{(0)} = \frac{1}{2} \begin{pmatrix} 1 & e^{-i\lambda_{01}} & e^{-i\lambda_{10}} & e^{-i\lambda_{11}} \\ 1 & e^{-\left(i\lambda_{01} + \frac{2\pi i}{4} 1 \cdot 1\right)} & e^{-\left(i\lambda_{01} + \frac{2\pi i}{4} 1 \cdot 2\right)} & e^{-\left(i\lambda_{01} + \frac{2\pi i}{4} 1 \cdot 3\right)} \\ 1 & e^{-\left(i\lambda_{01} + \frac{2\pi i}{4} 2 \cdot 1\right)} & e^{-\left(i\lambda_{01} + \frac{2\pi i}{4} 2 \cdot 2\right)} & e^{-\left(i\lambda_{01} + \frac{2\pi i}{4} 2 \cdot 3\right)} \\ 1 & e^{-\left(i\lambda_{01} + \frac{2\pi i}{4} 3 \cdot 1\right)} & e^{-\left(i\lambda_{01} + \frac{2\pi i}{4} 3 \cdot 2\right)} & e^{-\left(i\lambda_{01} + \frac{2\pi i}{4} 3 \cdot 3\right)} \end{pmatrix},$$

$$V^{(1)} = \frac{1}{2} \begin{pmatrix} e^{-i\lambda_{01}} & 1 & e^{-i\lambda_{11}} & e^{-i\lambda_{10}} \\ e^{-i\lambda_{01}} & e^{-\frac{2\pi i}{4}1\cdot1} & e^{-\left(i\lambda_{11}+\frac{2\pi i}{4}1\cdot2\right)} & e^{-\left(i\lambda_{10}+\frac{2\pi i}{4}1\cdot3\right)} \\ e^{-i\lambda_{01}} & e^{-\frac{2\pi i}{4}2\cdot1} & e^{-\left(i\lambda_{11}+\frac{2\pi i}{4}2\cdot2\right)} & e^{-\left(i\lambda_{10}+\frac{2\pi i}{4}2\cdot3\right)} \\ e^{-i\lambda_{01}} & e^{-\frac{2\pi i}{4}3\cdot1} & e^{-\left(i\lambda_{11}+\frac{2\pi i}{4}3\cdot2\right)} & e^{-\left(i\lambda_{10}+\frac{2\pi i}{4}3\cdot3\right)} \end{pmatrix},$$

$$V^{(2)} = \frac{1}{2} \begin{pmatrix} e^{-i\lambda_{10}} & e^{-i\lambda_{11}} & 1 & e^{-i\lambda_{01}} \\ e^{-i\lambda_{10}} & e^{-\left(i\lambda_{11}+\frac{2\pi i}{4}1\cdot1\right)} & e^{-\frac{2\pi i}{4}1\cdot2} & e^{-\left(i\lambda_{01}+\frac{2\pi i}{4}1\cdot3\right)} \\ e^{-i\lambda_{10}} & e^{-\left(i\lambda_{11}+\frac{2\pi i}{4}2\cdot1\right)} & e^{-\frac{2\pi i}{4}2\cdot2} & e^{-\left(i\lambda_{01}+\frac{2\pi i}{4}2\cdot3\right)} \\ e^{-i\lambda_{10}} & e^{-\left(i\lambda_{11}+\frac{2\pi i}{4}3\cdot1\right)} & e^{-\frac{2\pi i}{4}3\cdot2} & e^{-\left(i\lambda_{01}+\frac{2\pi i}{4}3\cdot3\right)} \end{pmatrix},$$

$$V^{(3)} = \frac{1}{2} \begin{pmatrix} e^{-i\lambda_{11}} & e^{-i\lambda_{10}} & e^{-i\lambda_{01}} & 1 \\ e^{-i\lambda_{11}} & e^{-\left(i\lambda_{10}+\frac{2\pi i}{4}1\cdot1\right)} & e^{-\left(i\lambda_{01}+\frac{2\pi i}{4}1\cdot2\right)} & e^{-\frac{2\pi i}{4}1\cdot3} \\ e^{-i\lambda_{11}} & e^{-\left(i\lambda_{10}+\frac{2\pi i}{4}2\cdot1\right)} & e^{-\left(i\lambda_{01}+\frac{2\pi i}{4}2\cdot2\right)} & e^{-\frac{2\pi i}{4}2\cdot3} \\ e^{-i\lambda_{11}} & e^{-\left(i\lambda_{10}+\frac{2\pi i}{4}3\cdot1\right)} & e^{-\left(i\lambda_{01}+\frac{2\pi i}{4}3\cdot2\right)} & e^{-\frac{2\pi i}{4}3\cdot3} \end{pmatrix}.$$

公式中, $i\cdot j$ 表示 $i\times j(i,j=0,1,2,3)$, 建立测量基是选取相应 i,j 的值以保证测量基 $\left\{\left|\varphi_l^{(k)}\right\rangle\right\}$ 中 4 个态 $\left|\varphi_0^{(k)}\right\rangle, \left|\varphi_1^{(k)}\right\rangle, \left|\varphi_2^{(k)}\right\rangle, \left|\varphi_3^{(k)}\right\rangle$ 互相正交. 由公式可知, 粒子 1,4,2,5 的 16 个基矢 $|\psi_k\rangle_{14} \otimes \left|\varphi_l^{(k)}\right\rangle_{25}$ $(k,l=0,1,2,3)$ 彼此互相正交:

$$\langle\psi_k|_{14} \left\langle\varphi_l^{(k)}\middle|\varphi_{l'}^{(k')}\right\rangle_{25} |\psi_{k'}\rangle_{14} = \delta_{kk'}\delta_{ll'}.$$

因而在由粒子 1,4,2,5 所组成的复合系统的态空间中形成一个正交测量基. 在这个测量基中, 由所有粒子 1,2,3,4,5,6 所组成的复合系统状态可改写为

$$|\Phi\rangle = \frac{1}{4}\sum_{k,l=0}^{3} |\psi_k\rangle_{14} \left|\varphi_l^{(k)}\right\rangle_{25} \left|\xi_l^{(k)}\right\rangle_{36},$$

其中，

$$\left|\xi_0^{(0)}\right\rangle = \alpha_{00}\left|00\right\rangle + \alpha_{01}e^{i\lambda_{01}}\left|01\right\rangle + \alpha_{10}e^{i\lambda_{10}}\left|10\right\rangle - \alpha_{11}e^{i\lambda_{11}}\left|11\right\rangle,$$

$$\left|\xi_1^{(0)}\right\rangle = \alpha_{00}\left|00\right\rangle + \alpha_{01}e^{i\lambda_{01}+\frac{2\pi i}{4}1\cdot 1}\left|01\right\rangle + \alpha_{10}e^{i\lambda_{10}+\frac{2\pi i}{4}1\cdot 2}\left|10\right\rangle$$
$$- \alpha_{11}e^{i\lambda_{11}+\frac{2\pi i}{4}1\cdot 3}\left|11\right\rangle,$$

$$\left|\xi_2^{(0)}\right\rangle = \alpha_{00}\left|00\right\rangle + \alpha_{01}e^{i\lambda_{01}+\frac{2\pi i}{4}2\cdot 1}\left|01\right\rangle + \alpha_{10}e^{i\lambda_{10}+\frac{2\pi i}{4}2\cdot 2}\left|10\right\rangle$$
$$- \alpha_{11}e^{i\lambda_{11}+\frac{2\pi i}{4}2\cdot 3}\left|11\right\rangle,$$

$$\left|\xi_3^{(0)}\right\rangle = \alpha_{00}\left|00\right\rangle + \alpha_{01}e^{i\lambda_{01}+\frac{2\pi i}{4}3\cdot 1}\left|01\right\rangle + \alpha_{10}e^{i\lambda_{10}+\frac{2\pi i}{4}3\cdot 2}\left|10\right\rangle$$
$$- \alpha_{11}e^{i\lambda_{11}+\frac{2\pi i}{4}3\cdot 3}\left|11\right\rangle,$$

$$\left|\xi_0^{(1)}\right\rangle = \alpha_{01}e^{i\lambda_{01}}\left|00\right\rangle - \alpha_{00}\left|01\right\rangle - \alpha_{11}e^{i\lambda_{11}}\left|10\right\rangle - \alpha_{10}e^{i\lambda_{10}}\left|11\right\rangle,$$

$$\left|\xi_1^{(1)}\right\rangle = \alpha_{01}e^{i\lambda_{01}}\left|00\right\rangle - \alpha_{00}e^{\frac{2\pi i}{4}1\cdot 1}\left|01\right\rangle - \alpha_{11}e^{i\lambda_{11}+\frac{2\pi i}{4}1\cdot 2}\left|10\right\rangle$$
$$- \alpha_{10}e^{i\lambda_{10}+\frac{2\pi i}{4}1\cdot 3}\left|11\right\rangle,$$

$$\left|\xi_2^{(1)}\right\rangle = \alpha_{01}e^{i\lambda_{01}}\left|00\right\rangle - \alpha_{00}e^{\frac{2\pi i}{4}2\cdot 1}\left|01\right\rangle - \alpha_{11}e^{i\lambda_{11}+\frac{2\pi i}{4}2\cdot 2}\left|10\right\rangle$$
$$- \alpha_{10}e^{i\lambda_{10}+\frac{2\pi i}{4}2\cdot 3}\left|11\right\rangle,$$

$$\left|\xi_3^{(1)}\right\rangle = \alpha_{01}e^{i\lambda_{01}}\left|00\right\rangle - \alpha_{00}e^{\frac{2\pi i}{4}3\cdot 1}\left|01\right\rangle - \alpha_{11}e^{i\lambda_{11}+\frac{2\pi i}{4}3\cdot 2}\left|10\right\rangle$$
$$- \alpha_{10}e^{i\lambda_{10}+\frac{2\pi i}{4}3\cdot 3}\left|11\right\rangle,$$

$$\left|\xi_0^{(2)}\right\rangle = \alpha_{10}e^{i\lambda_{10}}\left|00\right\rangle + \alpha_{11}e^{i\lambda_{11}}\left|01\right\rangle - \alpha_{00}\left|10\right\rangle + \alpha_{01}e^{i\lambda_{01}}\left|11\right\rangle,$$

$$\left|\xi_1^{(2)}\right\rangle = \alpha_{10}e^{i\lambda_{10}}\left|00\right\rangle + \alpha_{11}e^{i\lambda_{11}+\frac{2\pi i}{4}1\cdot 1}\left|01\right\rangle$$
$$- \alpha_{00}e^{\frac{2\pi i}{4}1\cdot 2}\left|10\right\rangle + \alpha_{01}e^{i\lambda_{01}+\frac{2\pi i}{4}1\cdot 3}\left|11\right\rangle,$$

$$\left|\xi_2^{(2)}\right\rangle = \alpha_{10}e^{i\lambda_{10}}\left|00\right\rangle + \alpha_{11}e^{i\lambda_{11}+\frac{2\pi i}{4}2\cdot 1}\left|01\right\rangle$$
$$- \alpha_{00}e^{\frac{2\pi i}{4}2\cdot 2}\left|10\right\rangle + \alpha_{01}e^{i\lambda_{01}+\frac{2\pi i}{4}2\cdot 3}\left|11\right\rangle,$$

$$\left|\xi_3^{(2)}\right\rangle = \alpha_{10}e^{i\lambda_{10}}\left|00\right\rangle + \alpha_{11}e^{i\lambda_{11}+\frac{2\pi i}{4}3\cdot 1}\left|01\right\rangle$$

$$- \alpha_{00} e^{\frac{2\pi i}{4} 3 \cdot 2} |10\rangle + \alpha_{01} e^{i\lambda_{01} + \frac{2\pi i}{4} 3 \cdot 3} |11\rangle ,$$

$$\left| \xi_0^{(3)} \right\rangle = \alpha_{11} e^{i\lambda_{11}} |00\rangle - \alpha_{10} e^{i\lambda_{10}} |01\rangle + \alpha_{01} e^{i\lambda_{01}} |10\rangle + \alpha_{00} |11\rangle ,$$

$$\left| \xi_1^{(3)} \right\rangle = \alpha_{11} e^{i\lambda_{11}} |00\rangle - \alpha_{10} e^{i\lambda_{10} + \frac{2\pi i}{4} 1 \cdot 1} |01\rangle$$

$$+ \alpha_{01} e^{i\lambda_{01} + \frac{2\pi i}{4} 1 \cdot 2} |10\rangle + \alpha_{00} e^{\frac{2\pi i}{4} 1 \cdot 3} |11\rangle ,$$

$$\left| \xi_2^{(3)} \right\rangle = \alpha_{11} e^{i\lambda_{11}} |00\rangle - \alpha_{10} e^{i\lambda_{10} + \frac{2\pi i}{4} 2 \cdot 1} |01\rangle$$

$$+ \alpha_{01} e^{i\lambda_{01} + \frac{2\pi i}{4} 2 \cdot 2} |10\rangle + \alpha_{00} e^{\frac{2\pi i}{4} 2 \cdot 3} |11\rangle ,$$

$$\left| \xi_3^{(3)} \right\rangle = \alpha_{11} e^{i\lambda_{11}} |00\rangle - \alpha_{10} e^{i\lambda_{10} + \frac{2\pi i}{4} 3 \cdot 1} |01\rangle$$

$$+ \alpha_{01} e^{i\lambda_{01} + \frac{2\pi i}{4} 3 \cdot 2} |10\rangle + \alpha_{00} e^{\frac{2\pi i}{4} 3 \cdot 3} |11\rangle .$$

执行正交投影测量后, Alice$_2$ 向接收方传送 2 比特经典信息, 向接收方传送粒子 2, 5 正交投影测量结果. 接收方 Bob 依据粒子 1, 4 和粒子 2, 5 的正交投影测量结果对手中的粒子 3,6 执行相应的局域幺正操作, 可在粒子 3,6 上重建需制备量子态 $|\Psi\rangle$. 若 Alice$_1$ 和 Alice$_2$ 测量结果分别为 $|\psi_k\rangle_{14}$ 以及 $\left| \varphi_l^{(k)} \right\rangle_{25}$, 则局域幺正操作 $U_l^{(k)}$ 可将粒子 3,6 状态转化为需制备量子态 $|\Psi\rangle$.

$$U_l^{(0)} = \begin{pmatrix} 1 & 0 & 0 & 0 \\ 0 & e^{-\frac{2\pi i}{4} l \cdot 1} & 0 & 0 \\ 0 & 0 & e^{-\frac{2\pi i}{4} l \cdot 2} & 0 \\ 0 & 0 & 0 & e^{-\frac{2\pi i}{4} l \cdot 3} \end{pmatrix} ,$$

$$U_l^{(1)} = \begin{pmatrix} 0 & -e^{-\frac{2\pi i}{4} l \cdot 1} & 0 & 0 \\ 1 & 0 & 0 & 0 \\ 0 & 0 & 0 & -e^{-\frac{2\pi i}{4} l \cdot 3} \\ 0 & 0 & -e^{-\frac{2\pi i}{4} l \cdot 2} & 0 \end{pmatrix} ,$$

$$U_l^{(2)} = \begin{pmatrix} 0 & 0 & -\mathrm{e}^{-\frac{2\pi\mathrm{i}}{4}l\cdot 2} & 0 \\ 0 & 0 & 0 & -\mathrm{e}^{-\frac{2\pi\mathrm{i}}{4}l\cdot 3} \\ 1 & 0 & 0 & 0 \\ 0 & -\mathrm{e}^{-\frac{2\pi\mathrm{i}}{4}l\cdot 1} & 0 & 0 \end{pmatrix},$$

$$U_l^{(3)} = \begin{pmatrix} 0 & 0 & 0 & -\mathrm{e}^{-\frac{2\pi\mathrm{i}}{4}l\cdot 3} \\ 1 & 0 & -\mathrm{e}^{-\frac{2\pi\mathrm{i}}{4}l\cdot 2} & 0 \\ 0 & -\mathrm{e}^{-\frac{2\pi\mathrm{i}}{4}l\cdot 1} & 0 & 0 \\ 1 & 0 & 0 & 0 \end{pmatrix}.$$

在基于簇态的双量子比特态联合制备中, Alice$_1$ 和 Alice$_2$ 同时对手中的粒子执行正交投影测量, 可以避免 Alice$_2$ 依据 Alice$_1$ 的测量结果 $|\psi_k\rangle_{14}$ 来选择测量基 $\left\{\left|\varphi_l^{(k)}\right\rangle_{25}, l = 0, 1, 2, 3\right\}$ 的需要. 量子态联合制备仅当 Alice$_1$ 测量结果为 $|\psi_0\rangle_{14}$ 时成功, 其他情况量子态远程联合制备失败. 因此采用这种方法的量子态远程联合制备的成功概率为 1/4. 这种方法不适用于确定的量子态远程联合制备. 在测量匹配方式双量子比特 JRSP 中, 即使 Alice$_1$ 测量结果为 $|\psi_1\rangle_{14}, |\psi_2\rangle_{14}, |\psi_3\rangle_{14}$, Alice$_2$ 也可以通过选择匹配的测量基 $\left\{\left|\varphi_l^{(1)}\right\rangle\right\}, \left\{\left|\varphi_l^{(2)}\right\rangle\right\}$ 或者 $\left\{\left|\varphi_l^{(3)}\right\rangle\right\}$ 来帮助远方的接收方完成量子态的制备. 因而测量匹配方式双量子比特 JRSP 方案将量子态联合制备成功率由原来的 1/4 提升到 1. 为提升量子态联合制备成功率, 在测量匹配双量子比特 JRSP 方案中为提高量子态制备成功率, Alice$_1$ 除了要将她的测量结果传送给接收方 Bob 之外, 也需要将测量结果传送给另一个发送方 Alice$_2$, 因而需要增加 2 比特的经典通信, 此外也需要将纠缠信道保持更长时间.

在标准的量子隐形传态方案中, 每传送 1 量子比特信息所需要消耗的通信资源是固定的, 即需要消耗 1 个双量子比特最大纠缠态以及传送 2 比特的经典信息. 然而在量子态远程联合制备中, 通信过程所需消耗的量子纠缠资源和经典信息可相互权衡. 为实现任意双量子比特态的 3 方联合制备, 第一发送方 Alice_1 需要向第二发送方 Alice_2 传送 2 比特经典信息, 用于将她的正交投影测量结果传送给 Alice_2. 因而方案一共需要传送 6 比特的经典信息. 通过共享一个 6 粒子纠缠簇态以及传送 6 比特的经典信息, 可实现任意双粒子比特态的 3 方联合制备.

3.3.2 简便方式双量子比特 JRSP 的物理原理与过程

与测量匹配方式双量子比特 JRSP 相比, 简便方式双量子比特 JRSP 不需要以最大纠缠态为量子纠缠信道, 量子态联合制备时也不需要两个测量方测量基匹配, 因而在物理实现方面要简单一些.

简便方式双量子比特 JRSP 以 6 粒子类簇态为量子纠缠信道, 实现任意双量子比特态 $|\Psi\rangle$ 远程联合制备. 两个发送方 Alice_1, Alice_2 共享需制备量子态信息, 即 Alice_1 已知所有 $\alpha_{00}, \alpha_{01}, \alpha_{10}, \alpha_{11}$ 信息, Alice_2 已知所有相位 $\lambda_{01}, \lambda_{10}, \lambda_{11}$ 信息. 由于方案以非最大纠缠态为量子纠缠信道, 第一发送方 Alice_1 先依据已知需制备量子态信息将量子纠缠信道转化为目标信道, 实现信道成功转化后, Alice_1 对手中的纠缠粒子执行 X 基测量. 第二发送方 Alice_2 依据已知需制备量子态相位信息对她的纠缠粒子执行双粒子正交投影测量, 接收方依据所有发送方的测量结果, 对手中的粒子执行相应的局域幺正演化, 可以在他的纠缠粒子上重建需制备量子态.

6 粒子类簇态可表示为

$$|\phi\rangle_{123456} = \beta_{00}|000000\rangle + \beta_{01}|000111\rangle + \beta_{10}|111000\rangle - \beta_{11}|111111\rangle,$$

其中, $|\beta_{00}|^2 + |\beta_{01}|^2 + |\beta_{10}|^2 + |\beta_{11}|^2 = 1$, 纠缠粒子 1,4 属于第一发送方 Alice_1, 纠缠粒子 2,5 属于第二发送方 Alice_2, 接收方 Bob 拥有粒子 3,6.

为将非最大纠缠信道演化为目标信道, Alice_1 引入一个初态为 $|0\rangle_a$ 的附加粒子 a, 并对手中粒子 $1,4,a$ 执行联合幺正演化. 即在测量基 $\{|00\rangle_{14}|0\rangle_a,\ |01\rangle_{14}|0\rangle_a,\ |10\rangle_{14}|0\rangle_a,\ |11\rangle_{14}|0\rangle_a,\ |00\rangle_{14}|1\rangle_a,\ |01\rangle_{14}|1\rangle_a,\ |10\rangle_{14}|1\rangle_a,|11\rangle_{14}|1\rangle_a\}$ 下, 联合幺正演化可表示为

$$U_{\max} = \begin{pmatrix} U_0 & U_1 \\ -U_1 & U_0 \end{pmatrix},$$

式中,

$$U_0 = \begin{pmatrix} k_{00} & 0 & 0 & 0 \\ 0 & k_{01} & 0 & 0 \\ 0 & 0 & k_{10} & 0 \\ 0 & 0 & 0 & k_{11} \end{pmatrix},$$

$$U_1 = \begin{pmatrix} \sqrt{1-k_{00}^2} & 0 & 0 & 0 \\ 0 & \sqrt{1-k_{01}^2} & 0 & 0 \\ 0 & 0 & \sqrt{1-k_{10}^2} & 0 \\ 0 & 0 & 0 & \sqrt{1-k_{11}^2} \end{pmatrix},$$

$$k_{l_1 l_2} = \frac{\dfrac{\alpha_{l_1 l_2}}{\beta_{l_1 l_2}}}{\sqrt{\dfrac{\alpha_{00}^2}{\beta_{00}^2} + \dfrac{\alpha_{01}^2}{\beta_{01}^2} + \dfrac{\alpha_{10}^2}{\beta_{10}^2} + \dfrac{\alpha_{11}^2}{\beta_{11}^2}}}, \quad l_1, l_2 = 0, 1.$$

局域幺正演化 $U_{\max}$ 可将量子纠缠信道演化为目标信道:

$$U_{\max}|\phi\rangle_{123456}|0\rangle_a = \beta_{00}|000000\rangle\left(k_{00}|0\rangle + \sqrt{1-k_{00}^2}|1\rangle\right)_a$$

$$+ \beta_{01} \left|000111\right\rangle \left(k_{01} \left|0\right\rangle + \sqrt{1 - k_{01}^2} \left|1\right\rangle \right)_a$$

$$+ \beta_{10} \left|111000\right\rangle \left(k_{10} \left|0\right\rangle + \sqrt{1 - k_{10}^2} \left|1\right\rangle \right)_a$$

$$- \beta_{11} \left|111111\right\rangle \left(k_{11} \left|0\right\rangle + \sqrt{1 - k_{11}^2} \left|1\right\rangle \right)_a.$$

局域幺正演化后, Alice_1 对附加粒子 a 执行 Z 基下的单粒子测量. 如果测量结果为 $\left|0\right\rangle_a$, 则量子信道成功演化为目标信道:

$$\left|\phi_0\right\rangle_{123456} = (\alpha_{00} \left|000000\right\rangle + \alpha_{01} \left|000111\right\rangle$$

$$+ \alpha_{10} \left|111000\right\rangle - \alpha_{11} \left|111111\right\rangle)_{123456}.$$

为实现量子态联合制备, Alice_1 对粒子 $1,4$ 执行 X 基测量. 测量后剩余粒子 $2,3,5,6$ 坍缩到与测量结果相应的状态上:

$$\left|\phi_0\right\rangle_{2356} = \sum_{j_1,j_2=0}^{1} (-1)^{t_1 j_1 + t_2 j_2 + j_1 j_2} \left|j_1 j_1 j_2 j_2\right\rangle_{2356},$$

式中, $t_1, t_2 (t_1, t_2 = 0, 1)$ 代表 Alice_1 对粒子 $1,4$ 执行 X 基测量获得的测量结果 $\left|-\right\rangle$ 的个数.

第二发送方 Alice_2 依据已知需制备量子态信息, 对手中纠缠粒子 $2,5$ 执行正交测量基 $\left\{ \left|\varphi_l^{(0)}\right\rangle, l = 0, 1, 2, 3 \right\}$ 下的正交投影测量. 当正交投影测量结果为 $\left|\varphi_l^{(0)}\right\rangle$ 时, 剩余粒子 $3,6$ 坍缩到与测量结果相应的状态上:

$$\left|\xi'\right\rangle_{36} = \sum_{j_1,j_2=0}^{1} (-1)^{t_1 j_1 + t_2 j_2 + j_1 j_2} \mathrm{e}^{\left(\mathrm{i}\lambda_{j_1 j_2} + \frac{2\pi \mathrm{i}}{4} l \cdot j\right)} \alpha_{j_1 j_2} \left|j_1 j_2\right\rangle_{36},$$

式中, $j = 2j_1 + j_2$.

接收方通过执行相应的局域幺正操作, 可以在他的粒子上重建原来的量子态. 与发送方测量结果相应的局域幺正操作可表示为

$$U'_l = \sum_{k_1,k_2=0}^{1} (-1)^{t_1 j_1 + t_2 j_2 + j_1 j_2} e^{-\frac{2\pi i}{4} l \cdot k} |k_1 k_2\rangle \langle k_1 k_2|,$$

式中, $k = 2k_1 + k_2$,

$$U'_l |\xi'\rangle_{36} = |\Psi\rangle_{36}.$$

如果 Alice$_1$ 对信道转化时, 附加粒子的测量结果为 $|1\rangle_a$, 则纠缠信道转化为与测量结果相应的状态上:

$$|\phi_1\rangle_{12345} = \left(\beta_{00}\sqrt{1-k_{00}^2} |000000\rangle + \beta_{01}\sqrt{1-k_{01}^2} |000111\rangle \right.$$
$$\left. + \beta_{10}\sqrt{1-k_{10}^2} |111000\rangle - \beta_{11}\sqrt{1-k_{11}^2} |111111\rangle \right)_{123456}.$$

可见纯纠缠态 $|\phi_1\rangle_{12345}$ 依然保留与类簇态 $|\phi\rangle_{12345}$ 相同的形式, 只是系数不同. 因此 Alice$_1$ 可以用同样的方法对信道进行再次演化. 用这种方法, Alice$_1$ 可以对信道重复演化直到将纠缠信道成功演化为目标信道. 也就是说, 接收方总是可以在他的纠缠粒子上重建原来的量子态. 在量子态远程制备中, 纠缠信道是非常珍贵的通信资源, 因此与其他方案相比, 简便方式双量子比特 JRSP 具有纠缠信道效率高的优点.

在简便方式双量子比特 JRSP 方案中, Alice$_1$ 需要引入附加粒子以及执行联合幺正演化将部分纠缠信道演化成为目标信道. 当信道演化成功, Alice$_1$ 需要向 Alice$_2$ 以及接收方传送 1 比特的经典信息来通知他们信道演化成功. 简便方式双量子比特 JRSP 方案需传送的经典信息是 8 比特. 基于预先共享 6 粒子纠缠类簇态, 通过传送 8 比特经典信息可实现任意双量子比特态的三方联合制备.

3.3.3　双量子比特 JRSP 的通信效率

在测量匹配方式双量子比特 JRSP 方案中, 通过增加经典通信, 可将基于 6 粒子簇态的任意双量子比特态远程联合制备方案的成功率由 1/4 提高到 1. 与基于 6 粒子簇态概率远程联合制备类似, 第一发送方依据已知量子态信息执行双粒子正交投影测量. 与基于 6 粒子簇态任意双量子比特态概率远程联合制备不同的是, 在第一发送方完成量子测量后, 第二发送方才开始执行正交投影测量. 第二发送方不仅依靠已知需制备量子态信息而且依靠第一发送方的测量结果来选择相匹配的测量基对手中的粒子执行正交投影测量. 因此, 无论发送方的测量结果是什么, 接收方都可以通过局域幺正操作来重建原来需制备量子态. 量子态联合制备成功率可达 100%. 在简便方式双量子比特 JRSP 中, 通信方以 6 粒子类簇态为量子纠缠信道. 第一发送方首先依据需制备量子态信息引入附加粒子和执行联合幺正演化将信道演化为目标信道, 将信道成功演化后, 再对手中的纠缠粒子执行相应的正交投影测量. 通过对纠缠信道的重复演化来提高基于类簇态量子态联合制备的成功率.

第4章 噪声环境下的量子态远程制备研究

光子在光纤或空间传输时, 容易受到环境噪声影响, 例如, 信道热涨落等都会使得系统量子态演化, 导致加载的量子态信息失真, 影响量子的通信安全性和通信效率. 联合噪声是光量子态传输的主要噪声. 联合噪声可分为联合退相位噪声 (collective-dephasing noise) 和联合转动噪声 (collective-rotation noise) 两种.

4.1 退相干无关子空间物理原理

可将信道联合噪声分为联合退相位噪声和联合转动噪声两种类型, 其中, 联合退相位噪声导致量子态相位变化.

$$U_d |0\rangle = |0\rangle, \quad U_d |1\rangle = e^{i\phi} |1\rangle,$$

其中, ϕ 是随时间变化的噪声参数. $|0\rangle, |1\rangle$ 分别表示光子的水平极化状态和垂直极化转态. 受信道联合退相位噪声的影响, 单量子比特态 $\alpha |0\rangle + \beta |1\rangle$ 经过有联合退相位噪声的信道后, 量子态受到信道噪声的影响.

$$U_d (\alpha |0\rangle + \beta |1\rangle) = \alpha |0\rangle + e^{i\phi} \beta |1\rangle.$$

为克制信道联合噪声影响, 中国科技大学郭光灿院士研究组提出退相干无关子空间的概念. 退相干无关子空间基本思想: 假设光纤信道中相邻两个光子受到的信道噪声影响是相同的, 量子通信时使用 2 个量子比特编码一个逻辑比特, 这 2 个量子比特受到的信道噪声影响相互抵消,

因而量子态整体表现为不受信道噪声影响. 例如, 为克制信道联合转动噪声影响, 将双量子比特态 $|01\rangle$ 编码为逻辑比特的 $|0\rangle_L$, 双量子比特态 $|10\rangle$ 编码为逻辑比特的 $|1\rangle_L$, 则任意单量子态可表示为

$$\alpha |0\rangle_L + \beta |1\rangle_L = \alpha |01\rangle + \beta |10\rangle .$$

该量子态具有不受信道联合转动噪声影响的性质,

$$U_d (\alpha |01\rangle + \beta |10\rangle) = e^{i\phi} (\alpha |01\rangle + \beta |10\rangle) .$$

即经过噪声信道后量子态仅比原量子态增加一个整体相位 $e^{i\phi}$, 没有受到信道噪声的影响.

与信道联合退相位噪声类似, 信道联合转动噪声导致光子极化状态发生旋转:

$$U_r |0\rangle = \cos\theta |0\rangle + \sin\theta |1\rangle , \quad U_r |1\rangle = -\sin\theta |0\rangle + \cos\theta |1\rangle .$$

加载信息的单量子比特态 $\alpha |0\rangle + \beta |1\rangle$ 经过有联合转动噪声的信道后, 受到信道噪声的影响, 导致加载在量子态上的信息失真.

$$U_r (\alpha |0\rangle + \beta |1\rangle) = \alpha (\cos\theta |0\rangle + \sin\theta |1\rangle) + \beta (-\sin\theta |0\rangle + \cos\theta |1\rangle)$$
$$= (\alpha \cos\theta - \beta \sin\theta) |0\rangle + (\alpha \sin\theta + \beta \cos\theta) |1\rangle .$$

退相干无关子空间可用于克制信道联合转动噪声的影响, 双粒子纠缠态 $|\psi\rangle_{00} = \frac{1}{\sqrt{2}} (|00\rangle + |11\rangle), |\psi\rangle_{11} = \frac{1}{\sqrt{2}} (|01\rangle - |10\rangle)$ 不受信道联合转动噪声的影响.

$$U_r |\psi\rangle_{00} = U_r \frac{1}{\sqrt{2}} (|00\rangle + |11\rangle)$$
$$= \frac{1}{\sqrt{2}} [(\cos\theta |0\rangle + \sin\theta |1\rangle) (\cos\theta |0\rangle + \sin\theta |1\rangle)$$

$$+ (-\sin\theta |0\rangle + \cos\theta |1\rangle)(-\sin\theta |0\rangle + \cos\theta |1\rangle)]$$

$$= \frac{1}{\sqrt{2}}(|00\rangle + |11\rangle),$$

$$U_r |\psi\rangle_{11} = U_r \frac{1}{\sqrt{2}}(|01\rangle - |10\rangle)$$

$$= \frac{1}{\sqrt{2}}[(\cos\theta |0\rangle + \sin\theta |1\rangle)(-\sin\theta |0\rangle + \cos\theta |1\rangle)$$

$$+ (-\sin\theta |0\rangle + \cos\theta |1\rangle)(\cos\theta |0\rangle + \sin\theta |1\rangle)]$$

$$= \frac{1}{\sqrt{2}}(|01\rangle - |10\rangle).$$

4.2　信道联合噪声下的量子态远程制备协议

在联合噪声信道下的量子态远程制备协议中, 为实现任意多粒子态远程制备, 通信方先用退相干无关子空间克制信道联合噪声的影响, 在用与量子信道相匹配的广义量子测量消除非最大纠缠信道对量子态远程制备的影响.

4.2.1　联合退相位噪声信道下的远程量子态制备协议

任意多粒子态可表示为

$$|\Theta\rangle = \sum_{i_1,\cdots,i_m=0}^{1} \alpha_{i_1,\cdots,i_m} e^{i\lambda_{i_1,\cdots,i_m}} |i_1,\cdots,i_m\rangle,$$

其中, $\lambda_{0,\cdots,0} = 0$, 实系数 $\alpha_{i_1,\cdots,i_m}(i_1,\cdots,i_m = 0,1)$, $\lambda_{i_1,\cdots,i_m} \in \{0,2\pi\}$ 满足归一化关系 $\sum_{i_1,\cdots,i_m=0}^{1} |\alpha_{i_1,\cdots,i_m}|^2 = 1$. n 个发送方 Alice$_1$, Alice$_2$, $\cdots$, Alice$_n$ 共享需制备量子态 $|\Theta\rangle$ 信息. 其中, 第一发送方 Alice$_1$ 已知系数 $\alpha_{i_1,\cdots,i_m}$ $(i_1,\cdots,i_m = 0,1)$, 其他 $n-1$ 个发送方 Alice$_2,\cdots$, Alice$_n$ 共享相位 $\lambda_{i_1,\cdots,i_m}$ $(i_1,\cdots,i_m = 0,1)$ 信息, 第 $k(k = 2,\cdots,n)$ 个发送方

Alice$_k$ 已知系数 $\lambda_{k,i_1,\cdots,i_m}$

$$\sum_{k=2}^{n} \lambda_{k,i_1,\cdots,i_m} = \lambda_{i_1,\cdots,i_m},$$

式中, $\lambda_{k,0,\cdots,0} = 0$. 第 k 个发送方依据已知系数 $\lambda_{k,i_1,\cdots,i_m}$ 选择建立相应的正交测量基 $\left\{ |\Lambda\rangle_{k,l_{k_1},\cdots,l_{k_m}} \right\}$.

$$|\Lambda\rangle_{k,l_{k_1},\cdots,l_{k_m}} = \frac{1}{\sqrt{2^m}} \sum_{s_1,\cdots,s_m=0}^{1} \mathrm{e}^{-\left(\mathrm{i}\lambda_{k,s_1\oplus1,\cdots,s_m\oplus1} + \frac{2\pi\mathrm{i}}{2^m} l_k s\right)} |s_1,\cdots,s_m\rangle,$$

其中, $s_1 \oplus 1$ 表示 $s_1 + 1$ 模 2. $l_{k_1},\cdots,l_{k_m} = 0,1$ 用于表示 2^m 个正交态 $|\Lambda\rangle_{k,l_{k_1},\cdots,l_{k_m}}$.

$$s = s_1 2^{m-1} + \cdots + s_m,$$

$$l_k = l_{k1} 2^{m-1} + \cdots + l_{km}.$$

为实现量子态远程制备, 发送方和接收方共享 m 个多粒子纠缠态 $|\Psi\rangle^{\otimes m}$.

$$|\Psi\rangle = (\beta_0 |01\cdots010\rangle + \beta_1 |10\cdots101\rangle)_{a_1\cdots a_{2n+1}}.$$

量子态 $|\Psi\rangle$ 中两个相邻光子 $a_{2j-1}, a_{2j}(j = 1,\cdots,n)$ 通过具有相同联合退相位噪声的噪声信道时量子态 $|\Psi\rangle$ 的形式不变.

为实现联合退相位信道下的任意 m 粒子态联合制备, 通信方共享 m 个 $2n+1$ 粒子纠缠态 $|\Psi\rangle$, 所有发送方依据已知需制备量子态信息选择执行量子测量. 接收方可概率重建原来量子态. 为实现联合退相位噪声下的远程量子态制备, 接收方先制备 m 个 $2n+1$ 粒子纠缠态 $|\Psi\rangle$. 由 m 个 $2n+1$ 粒子纠缠态 $|\Psi\rangle$ 所组成的量子纠缠信道可表示为

$$|\Phi\rangle \equiv \prod_{l=1}^{m} (\beta_0 |01\cdots010\rangle + \beta_1 |10\cdots101\rangle)_l$$

$$= \sum_{i_1,\cdots,i_m=0}^{1} \beta_{i_1}\cdots\beta_{i_m} \left|i_1, i_1\oplus 1, \cdots, i_1, i_1\oplus 1, i_1\right\rangle_{a_{1,1},\cdots,a_{2n+1,1}} \otimes \cdots$$

$$\otimes \left|i_m, i_m\oplus 1, \cdots, i_m, i_m\oplus 1, i_m\right\rangle_{a_{1,m},\cdots,a_{2n+1,m}}.$$

Bob 将第 $l(l=1,\cdots,m)$ 个纯纠缠态中的第 $2k-1,2k(k=2,\cdots,n)$ 个粒子 $a_{2k-1,l}, a_{2k,l}$ 传送给第 k 个发送方 Alice$_k$, 第 1,2 个纠缠粒子 $a_{1,l}, a_{2,l}$ 传送给第一发送方 Alice$_1$, 保留每个纠缠态中最后一个粒子 $a_{2n+1,l}$.

在安全建立量子纠缠信道后, 第一发送方 Alice$_1$ 依据她已知需制备量子态信息, 对手中的纠缠粒子 $a_{2,l}(l=1,\cdots,m)$ 执行 m 粒子 POVM 测量, 发送方 Alice$_k(k=2,\cdots,n)$ 依据已知需制备量子态信息, 对手中的纠缠粒子 $a_{2k,1},\cdots,a_{2k,m}$ 执行 m 粒子正交投影测量. 为完成任意 m 粒子态远程制备, 所有发送方 Alice$_j(j=1,\cdots,n)$ 对其他粒子 $a_{2j-1,1},\cdots,a_{2j-1,m}$ 执行单粒子 X 基测量. 接收方依据所有发送方测量结果可在他的纠缠粒子上重建需制备量子态.

基于需制备量子态以及纠缠信道信息的 m 粒子 POVM 测量可表示为

$$E_{t_1,\cdots,t_m} = x\left|\varphi_{t_1,\cdots,t_m}\right\rangle\left\langle\varphi_{t_1,\cdots,t_m}\right|,$$

$$E_d = I - x\left|\varphi_{t_1,\cdots,t_m}\right\rangle\left\langle\varphi_{t_1,\cdots,t_m}\right|,$$

其中, $t_1,\cdots,t_m=0,1$,

$$\left|\varphi_{t_1,\cdots,t_m}\right\rangle = \sum_{s_1,\cdots,s_m=0}^{1} \mathrm{e}^{-\frac{2\pi i}{2^m}ts}\frac{\alpha_{s_1\oplus 1,\cdots,s_m\oplus 1}}{\beta^*_{s_1\oplus 1}\cdots\beta^*_{s_m\oplus 1}}\left|s_1,\cdots,s_m\right\rangle,$$

式中,

$$t = t_1 2^{m-1}+\cdots+t_m, \quad s = s_1 2^{m-1}+\cdots+s_m.$$

公式中系数 x 应确定取值范围以保证半正定测量算子 E_d 的正定性.

系数 x 的取值可由半正定测量算子矩阵形式确定. 假设

$$\frac{|\beta_{q_1}|^2 \cdots |\beta_{q_m}|^2}{\alpha_{q_1,\cdots,q_m}^2} = \min\left\{\frac{|\beta_{i_1}|^2 \cdots |\beta_{i_m}|^2}{\alpha_{i_1,\cdots,i_m}^2}, i_1,\cdots,i_m = 0,1\right\},$$

则系数 x 的最大值为 $\dfrac{1}{2^m}\dfrac{|\beta_{q_1}|^2 \cdots |\beta_{q_m}|^2}{\alpha_{q_1,\cdots,q_m}^2}$.

和半正定测量算子对应的广义测量算子可表示为

$$M_{t_1,\cdots,t_m} = \sqrt{\frac{x}{A}}\,|\varphi_{t_1,\cdots,t_m}\rangle\langle\varphi_{t_1,\cdots,t_m}|,$$

$$M_d = \sqrt{1 - 2^m x \frac{\alpha_{1,\cdots,1}^2}{|\beta_1|^{2m}}}\,|0\cdots0\rangle\langle0\cdots0| + \cdots$$

$$+ \sqrt{1 - 2^m x \frac{\alpha_{0,\cdots,0}^2}{|\beta_0|^{2m}}}\,|1\cdots1\rangle\langle1\cdots1|.$$

式中,

$$A = \sum_{s_1,\cdots,s_m=0}^{1} \frac{\alpha_{s_1,\cdots,s_m}^2}{|\beta_{s_1}|^2 \cdots |\beta_{s_m}|^2}.$$

半正定测量算子矩阵形式可表示为

$$E_{t_1,\cdots,t_m} = x\begin{pmatrix} \dfrac{\alpha_{1\cdots1}^2}{|\beta_1|^{2m}} & \dfrac{\alpha_{1\cdots1}\alpha_{1\cdots0}}{(\beta_1^*)^m\beta_1^{m-1}\beta_0}e^{\frac{2\pi i}{2^m}t} & \cdots & \dfrac{\alpha_{1\cdots1}\alpha_{0\cdots0}}{(\beta_1^*)^m\beta_0^m}e^{\frac{2\pi i}{2^m}t(2^m-1)} \\[3mm] \dfrac{\alpha_{1\cdots0}\alpha_{1\cdots1}}{(\beta_1^*)^{m-1}\beta_0^*\beta_1^m}e^{-\frac{2\pi i}{2^m}t} & \dfrac{\alpha_{1\cdots0}^2}{|\beta_1|^{2m-2}|\beta_0|^2} & \cdots & \dfrac{\alpha_{1\cdots0}\alpha_{0\cdots0}}{(\beta_1^*)^{m-1}\beta_0^*\beta_0^m}e^{\frac{2\pi i}{2^m}t(2^m-2)} \\[3mm] \vdots & \vdots & & \vdots \\[2mm] \dfrac{\alpha_{0\cdots0}\alpha_{1\cdots1}}{(\beta_0^*)^m\beta_1^m}e^{-\frac{2\pi i}{2^m}t(2^m-1)} & \dfrac{\alpha_{0\cdots0}\alpha_{1\cdots0}}{(\beta_0^*)^m\beta_1^{m-1}\beta_0}e^{-\frac{2\pi i}{2^m}t(2^m-2)} & \cdots & \dfrac{\alpha_{0\cdots0}^2}{|\beta_0|^{2m}} \end{pmatrix},$$

广义测量算子满足关系

$$E_{t_1,\cdots,t_m} = M_{t_1,\cdots,t_m}^\dagger M_{t_1,\cdots,t_m}$$

和完备性关系

$$\sum_{t_1,\cdots,t_m=0}^{1} M_{t_1,\cdots,t_m}^\dagger M_{t_1,\cdots,t_m} + M_d^\dagger M_d = I.$$

POVM 测量后系统状态可由广义测量算子 $\{M_{t_1,\cdots,t_m}\}$ 确定:

$$M_{t_1,\cdots,t_m} |\Phi\rangle = |\varphi_{t_1,\cdots,t_m}\rangle_{a_{2,1},\cdots,a_{2,m}} \otimes |\phi_{t_1,\cdots,t_m}\rangle_{a_{1,1},\cdots,a_{2n+1,m}},$$

式中,

$$|\phi_{t_1,\cdots,t_m}\rangle_{a_{1,1},\cdots,a_{2n+1,m}} = \sum_{s_1,\cdots,s_m=0}^{1} \alpha_{s_1,\cdots,s_m} e^{\frac{2\pi i}{2^m} ts} |s_1,\cdots,s_1,s_1\oplus 1,s_1\rangle \otimes \cdots$$
$$\otimes |s_m,\cdots,s_m,s_m\oplus 1,s_m\rangle.$$

若第一发送方 Alice_1 半正定算子测量结果为 $E_{t_1,\cdots,t_m}(t_1,\cdots,t_m=0,1)$, 粒子 $a_{1,1},\cdots,a_{2n+2,m}$ 所组成的复合系统坍缩到与测量结果相应的状态 $|\phi_{t_1,\cdots,t_m}\rangle$.

为实现量子态远程制备, 其他发送方 $\text{Alice}_k(k=2,\cdots,n)$ 对手中的粒子 $a_{2k,1},\cdots,a_{2k,m}$ 执行测量基 $\left\{|\Lambda\rangle_{k,l_{k_1},\cdots,l_{k_m}}\right\}$ 下的 m 粒子正交投影测量. 由粒子 $a_{1,1},\cdots,a_{2n+2,m}$ 所组成的复合系统状态可改写为 (未归一化)

$$|\phi_{t_1,\cdots,t_m}\rangle = \sum_{s_1,\cdots,s_m,l_{21},\cdots,l_{nm}=0}^{1} |\Lambda\rangle_{2,l_{21},\cdots,l_{2m}} \otimes |\Lambda\rangle_{3,l_{31},\cdots,l_{3m}} \cdots |\Lambda\rangle_{n,l_{n1},\cdots,l_{nm}}$$
$$e^{\left(i\lambda_{s_1,\cdots,s_m} + \frac{2\pi i}{2^m} sl\right)} \alpha_{s_1,\cdots,s_m} |s_1\rangle^{\otimes(n+1)} \cdots |s_m\rangle^{\otimes(n+1)},$$

式中, $l = t \oplus l_2 \oplus \cdots \oplus l_n$. Alice_k 执行 m 粒子正交投影测量后, 如果 Alice_k 测量结果为 $|\Lambda\rangle_{k,l_{k_1},\cdots,l_{k_m}}$, 则剩余粒子 $a_{11},\cdots,a_{2n+1,m}$ 所组成的复合系统坍缩到状态 $|\xi\rangle$:

$$|\xi\rangle = \sum_{s_1,\cdots,s_m=0}^{1} e^{\left(i\lambda_{s_1,\cdots,s_m} + \frac{2\pi i}{2^m} sl\right)} \alpha_{s_1,\cdots,s_m} |s_1\rangle^{\otimes(n+1)} \cdots |s_m\rangle^{\otimes(n+1)}.$$

所有发送方对她们的纠缠粒子 $a_{2j-1,1},\cdots,a_{2j-1,m}$ 执行 X 基测量. X 基

测量后, 粒子 $a_{2n+1,1}, \cdots, a_{2n+1,m}$ 状态坍缩为 $|\theta\rangle$:

$$|\theta\rangle_{a_{2n+1,1}, \cdots, a_{2n+1,m}}$$
$$= \sum_{s_1, \cdots, s_m = 0}^{1} \mathrm{e}^{\left(\mathrm{i}\lambda_{s_1, \cdots, s_m} + \frac{2\pi\mathrm{i}}{2^m} sl\right)} (-1)^{s_1 r_1 + \cdots + s_m r_m} \alpha_{s_1, \cdots, s_m} |s_1 \cdots s_m\rangle,$$

式中, $r_j (j = 1, 2, \cdots, m)$ 表示对第 j 个多粒子纠缠态执行 X 基测量获得结果 $|-\rangle$ 的数目. 发送方测量后, 接收方通过对手中的纠缠粒子 $a_{2n+1,1}, \cdots, a_{2n+1,m}$ 执行局域幺正操作 $U_{l,r_1, \cdots, r_m}$ 重建原来量子态.

$$U_{l,r_1, \cdots, r_m} = \sum_{k_1, \cdots, k_m = 0}^{1} \mathrm{e}^{\frac{2\pi\mathrm{i}}{2^m} kl'} (-1)^{s_1 r_1 + \cdots + s_m r_m} |k_1, \cdots, k_m\rangle \langle k_1, \cdots, k_m|,$$

式中, $k = k_1 2^{m-1} + \cdots + k_m$,

$$U_{l,r_1, \cdots, r_m} |\theta\rangle = |\Phi\rangle.$$

当 Alice$_1$ 半正定算子测量结果为 $E_{t_1, \cdots, t_m} (t_1, \cdots, t_m = 0, 1)$ 时, 量子态远程制备成功, 即任意 m 粒子态远程制备成功率等于 Alice$_1$ 半正定算子测量结果为 $E_{t_1, \cdots, t_m}$ 的概率. 由量子测量假设可知量子态远程制备最大成功率为 $\frac{|\beta_{q_1}|^2 \cdots |\beta_{q_m}|^2}{\alpha_{q_1, \cdots, q_m}^2}$.

$$\frac{|\beta_{q_1}|^2 \cdots |\beta_{q_m}|^2}{\alpha_{q_1, \cdots, q_m}^2} = \min \left\{ \frac{|\beta_{i_1}|^2 \cdots |\beta_{i_m}|^2}{\alpha_{i_1, \cdots, i_m}^2}, i_1, \cdots, i_m = 0, 1 \right\}.$$

4.2.2 联合转动噪声信道下的远程量子态制备协议

与联合退相位噪声信道下的任意 m 粒子态远程制备类似, 在联合转动噪声信道下, 为完成任意 m 粒子态远程制备, 所有通信方需预先共享 m 个多粒子纠缠态. 安全建立量子纠缠信道后, 发送方对她们的纠缠粒子执行单粒子测量以及与已知需制备量子态信息相应的量子测量.

接收方通过执行与所有测量结果相应的局域幺正操作来制备需制备量子态.

为实现联合转动噪声信道下任意 m 粒子态的远程制备, 所有发送方共享需制备量子态信息. 发送方共享需制备量子态信息方式与前面方案中所采用的共享方式类似. 即第一发送方 Alice$_1$ 已知系数 $\alpha_{i_1,\cdots,i_m}(i_1,\cdots,i_m = 0,1)$, 发送方 Alice$_k(k = 2,\cdots,n)$ 已知系数 $\lambda_{k,i_1,\cdots,i_m}$ 信息. 系数 $\lambda_{k,i_1,\cdots,i_m}$ 满足关系 $\sum_{k=2}^{n}\lambda_{k,i_1,\cdots,i_m} = \lambda_{i_1,\cdots,i_m}$, 第 $k(k = 2,\cdots,n)$ 个发送方 Alice$_k$ 与已知系数 $\lambda_{k,i_1,\cdots,i_m}$ 相应的正交测量基可表示为

$$
\begin{aligned}
&\left|\Lambda'_{j_1,\cdots,j_m}\right\rangle_{k,l_{k_1},\cdots,l_{k_m}}\\
&= \frac{1}{\sqrt{2^m}}\sum_{s_1,\cdots,s_m=0}^{1}\mathrm{e}^{-(\mathrm{i}\lambda_{k,s_1\oplus j_1,\cdots,s_m\oplus j_m}+\frac{2\pi\mathrm{i}}{2^m}l'_k s)}\left|s_1,\cdots,s_m\right\rangle,
\end{aligned}
$$

其中, $l'_k = l_{k1}2^{m-1} + \cdots + l_{km}, s = s_1 2^{m-1} + \cdots + s_m.$

与联合退相位噪声信道下的任意 m 粒子态远程制备类似, 接收方 Bob 与发送方共享 m 个多粒子纠缠态 $|\Psi'\rangle^{\otimes m}$. 发送方对纠缠粒子执行相应的量子测量, 接收方依据测量结果与剩余粒子状态间的一一对应关系, 选择对手中的粒子执行相应的局域幺正操作来制备需制备量子态. 假设接收方制备的是多粒子非最大纠缠纯态 $|\Psi'\rangle^{\otimes m}$,

$$
|\Psi'\rangle = (c_0|\psi\rangle_{00}\cdots|\psi\rangle_{00}|0\rangle + c_1|\psi\rangle_{11}\cdots|\psi\rangle_{11}|1\rangle)_{a_1\cdots a_{2n+1}}.
$$

纠缠态中相邻两个光子 $a_{2j-1}, a_{2j}(j = 1,\cdots,n)$ 经过具有相同联合转动噪声信道后纠缠态 $|\Psi'\rangle$ 形式不变的特点. 由 m 个 $2n+1$ 粒子所组成的量子纠缠信道可表示为

$$
|\Phi'\rangle = \prod_{l=1}^{m}(c_0|\psi\rangle_{00}\cdots|\psi\rangle_{00}|0\rangle + c_1|\psi\rangle_{11}\cdots|\psi\rangle_{11}|1\rangle)_l
$$

$$= \sum_{\substack{i_1, j_{11}, \cdots, j_{n1}, \cdots, \\ i_m, j_{1m}, \cdots, j_{nm} = 0}}^{1} (-1)^{j_1 l_1 + \cdots + j_n l_n} c_{i_1} \cdots c_{i_m} |j_{11}\rangle |j_{11} \oplus i_1\rangle \cdots$$

$$\otimes |j_{n1}\rangle |j_{n1} \oplus i_1\rangle |i_1\rangle$$

$$\otimes |j_{12}\rangle |j_{12} \oplus i_2\rangle \cdots |j_{n2}\rangle |j_{n2} \oplus i_2\rangle |i_2\rangle \cdots$$

$$\otimes |j_{1m}\rangle |j_{1m} \oplus i_m\rangle \cdots |j_{nm}\rangle |j_{nm} \oplus i_m\rangle |i_m\rangle,$$

其中,

$$j_k = (j_{1k} + j_{2k} + \cdots + j_{nk})i_k.$$

与联合退相位噪声信道下的量子态远程制备类似, 接收方 Bob 与所有发送方共享 m 个多粒子纠缠态, 即 Bob 将第 l $(l = 1, \cdots, m)$ 个纯纠缠态中的第 $2k - 1, 2k$ $(k = 1, \cdots, n)$ 个粒子 $a_{2k-1,l}, a_{2k,l}$ 发送给第 k 个发送方 Alice_k, 保留每个纠缠态中最后一个粒子 $a_{2n+1,l}$.

在安全建立量子纠缠信道后, 所有发送方 $\text{Alice}_r (r = 1, \cdots, n)$ 对她们的纠缠粒子 $a_{2r-1,l}(l = 1, \cdots, m)$ 执行 Z 基测量. 为完成任意 m 粒子态的远程制备, 第一发送方 Alice_1 对她的纠缠粒子执行半正定算子测量, 其他发送方 $\text{Alice}_k(k = 2, \cdots, n)$ 对她们的纠缠粒子 $a_{2k,l}$ 执行与需制备量子态信息相应的正交投影测量, 接收方可在他的纠缠粒子上重建需制备量子态.

若 $\text{Alice}_k(k = 1, \cdots, n)$ 对她们的纠缠粒子 $a_{2r-1,l}(l = 1, \cdots, m)$ 执行 Z 基测量, 获得的测量结果为 $|j_{kl}\rangle$ 时, 由粒子 $a_{21}, a_{41}, \cdots, a_{2n+1,m}$ 组成的复合系统坍缩到状态 $|\xi'\rangle$:

$$|\xi'\rangle = \sum_{i_1, \cdots, i_m = 0}^{1} (-1)^{j_1 l_1 + \cdots + j_n l_n} c_{i_1} \cdots c_{i_m} |i_1 \oplus j_{11}\rangle \cdots$$

$$\otimes |i_1 \oplus j_{n1}\rangle |i_1\rangle |i_1 \oplus j_{12}\rangle \cdots$$

$$\otimes \left|i_2 \oplus j_{n2}\right\rangle \left|i_2\right\rangle \cdots \left|i_m \oplus j_{1m}\right\rangle \cdots \left|i_m \oplus j_{nm}\right\rangle \left|i_m\right\rangle.$$

为实现量子态远程制备, 第一发送方 Alice_1 依据她已知需制备量子态信息, 对手中的纠缠粒子 $a_{2l}\ (l = 1, \cdots, m)$ 执行半正定算子测量, 其他发送方执行 m 粒子正交投影测量, 接收方执行相应的局域幺正操作, 即可实现量子态远程制备.

半正定算子测量可描述为

$$E'_{t_1,\cdots,t_m} = x' \left|\varphi'_{t_1,\cdots,t_m}\right\rangle \left\langle\varphi'_{t_1,\cdots,t_m}\right|,$$

$$E_d = I - x' \left|\varphi'_{t_1,\cdots,t_m}\right\rangle \left\langle\varphi'_{t_1,\cdots,t_m}\right|,$$

式中, $t_1, \cdots, t_m = 0, 1$,

$$\left|\varphi'_{t_1,\cdots,t_m}\right\rangle = \sum_{s_1,\cdots,s_m=0}^{1} \mathrm{e}^{-\frac{2\pi\mathrm{i}}{2^m}ts} \frac{\alpha_{s_1\oplus j_{11},\cdots,s_m\oplus j_{1m}}}{c^*_{s_1\oplus j_{11}} \cdots c^*_{s_m\oplus j_{1m}}} \left|s_1,\cdots,s_m\right\rangle,$$

其中, $t = t_1 2^{m-1} + \cdots + t_m, s = s_1 2^{m-1} + \cdots + s_m$.

与联合退相位噪声下的量子态远程制备类似, 系数 x' 的在一定范围内取值以保证半正定算子 E'_d 的正定性. 系数 x' 的取值可由半正定算子的矩阵形式确定:

假设 $\dfrac{|c_{q_1}|^2 \cdots |c_{q_m}|^2}{\alpha^2_{q_1,\cdots,q_m}} = \min\left\{\dfrac{|c_{i_1}|^2 \cdots |c_{i_m}|^2}{\alpha^2_{i_1,\cdots,i_m}}, i_1,\cdots,i_m = 0,1\right\}$, 则 x' 最

大值为 $\dfrac{1}{2^m}\dfrac{|\beta_{q_1}|^2 \cdots |\beta_{q_m}|^2}{\alpha^2_{q_1,\cdots,q_m}}$.

与联合退相位噪声信道下的量子态远程制备方案类似, 半正定算子
测量后复合系统状态可由相应的广义测量算子确定 $\left\{M'_{t_1,\cdots,t_m}\right\}$. 广义测
量算子可表示为

$$M'_{t_1,\cdots,t_m} = \sqrt{\frac{x'}{A'}}\,\left|\varphi'_{t_1,\cdots,t_m}\right\rangle\left\langle\varphi'_{t_1,\cdots,t_m}\right|,$$

其中,

$$A' = \sum_{s_1,\cdots,s_m=0}^{1} \frac{\alpha^2_{s_1,\cdots,s_m}}{|c_{s_1}|^2 \cdots |c_{s_m}|^2}$$

且

$$M'_d = \sqrt{1 - 2^m x' \frac{\alpha^2_{j_{11}\cdots j_{1m}}}{|c_{j_{11}}|^2 \cdots |c_{j_{1m}}|^2}}\,|0\cdots 0\rangle\langle 0\cdots 0| + \cdots$$

$$+ \sqrt{1 - 2^m x' \frac{\alpha^2_{j_{11}\oplus 1,\cdots,j_{1m}\oplus 1}}{|c_{j_{11}}|^2 \cdots |c_{j_{1m}}|^2}}\,|1\cdots 1\rangle\langle 1\cdots 1|.$$

广义测量算子满足关系

$$E'_{t_1,\cdots,t_m} = M'^{\dagger}_{t_1,\cdots,t_m} M'_{t_1,\cdots,t_m}$$

和完备性关系.

半正定算子测量后, 复合系统状态可由广义测量算子确定:

$$M'_{t_1,\cdots,t_m}\,|\xi'\rangle = \left|\varphi'_{t_1,\cdots,t_m}\right\rangle_{a_{21},\cdots,a_{2m}} \otimes \left|\varphi'_{t_1,\cdots,t_m}\right\rangle_{a_{4,1},\cdots,a_{2n+1,m}},$$

其中,

$$\left|\phi'_{t_1,\cdots,t_m}\right\rangle = \sum_{s_1,\cdots,s_m=0}^{1} \mathrm{e}^{\frac{2\pi\mathrm{i}}{2^m}st}\alpha_{s_1\cdots s_m}\,|j_{21}\oplus s_1\rangle\,|j_{31}\oplus s_1\rangle \cdots |j_{n1}\oplus s_1\rangle\,|s_1\rangle \cdots$$

$$\otimes\,|j_{2m}\oplus s_m\rangle\,|j_{3m}\oplus s_m\rangle \cdots |j_{nm}\oplus s_m\rangle\,|s_m\rangle.$$

即若 Alice_1 半正定算子测量结果为 $E'_{t_1,\cdots,t_m}(t_1,\cdots,t_m=0,1)$, 复合系统状态坍缩为 $\left|\phi'_{t_1,\cdots,t_m}\right\rangle$, 否则量子态远程制备失败.

半正定算子测量后, 其他 $n-1$ 个发送方 $\text{Alice}_k(k=2,\cdots,n)$ 对她们手中的纠缠粒子执行测量基 $\left\{\left|\Lambda'_{j_1,\cdots,j_m}\right\rangle_{k,l_{k_1},\cdots,l_{k_m}}\right\}$ 下的正交投影测量. 复合系统状态可改写为

$$\left|\phi'_{t_1,\cdots,t_m}\right\rangle = \sum_{s_1,\cdots,s_m=0}^{1} \text{e}^{\left(\text{i}\lambda_{s_1,\cdots,s_m}+\frac{2\pi\text{i}}{2^m}sl'\right)}\alpha_{s_1,\cdots,s_m}\left|\Lambda'_{j_{21},\cdots,j_{2m}}\right\rangle_{2,l_{21},\cdots,l_{2m}}\otimes\cdots$$
$$\otimes\left|\Lambda'_{j_{n1},\cdots,j_{nm}}\right\rangle_{2,l_{n1},\cdots,l_{nm}}\left|s_1\cdots s_m\right\rangle,$$

式中, $s=s_12^{m-1}+\cdots+s_m, l'=t\oplus l'_2\oplus\cdots\oplus l'_n$. 若 $\text{Alice}_k(k=2,\cdots,n)$ 对手中纠缠粒子 $a_{2k+1,1},\cdots,a_{2k+1,m}$ 的正交投影测量结果为 $\left|\Lambda'_{j_1,\cdots,j_m}\right\rangle_{k,l_{k_1},\cdots,l_{k_m}}$, 剩余粒子 $a_{2n+1,1,\cdots,2n+1,m}$ 状态坍缩为态 $\left|\theta'\right\rangle$:

$$\left|\theta'\right\rangle_{a_{2n+1,1},\cdots,a_{2n+1,m}} = \sum_{s_1,\cdots,s_m=0}^{1} \text{e}^{\left(\text{i}\lambda_{s_1,\cdots,s_m}+\frac{2\pi\text{i}}{2^m}sl'\right)}\alpha_{s_1,\cdots,s_m}\left|s_1\cdots s_m\right\rangle.$$

对粒子 $a_{2n+1,1,\cdots,2n+1,m}$ 执行与测量结果相应的局域幺正演化:

$$U'_l = \sum_{k_1,\cdots,k_m=0}^{1} \text{e}^{-\frac{2\pi\text{i}}{2^m}kl}\left|k_1\cdots k_m\right\rangle,$$

其中, $k=k_12^{m-1}+\cdots+k_1$, 可重建原来量子态

$$U'_{l'}\left|\theta'\right\rangle=\left|\Theta\right\rangle.$$

当 Alice_1 半正定算子测量结果为 $E'_{t_1,\cdots,t_m}(t_1,\cdots,t_m=0,1)$ 量子态远程制备成功. 由量子测量假设可知量子态远程制备的最大成功率为 $\dfrac{|c_{q_1}|^2\cdots|c_{q_m}|^2}{\alpha^2_{q_1,\cdots,q_m}}$.

$$\frac{|c_{q_1}|^2\cdots|c_{q_m}|^2}{\alpha^2_{q_1,\cdots,q_m}} = \min\left\{\frac{|c_{i_1}|^2\cdots|c_{i_m}|^2}{\alpha^2_{i_1,\cdots,i_m}},i_1,\cdots,i_m=0,1\right\}.$$

4.3　信道联合噪声下的量子可控隐形传态协议

在信道联合噪声下的量子可控隐形传态协议中, 通信方以多粒子非最大纠缠纯态为量子纠缠信道. 为消除信道噪声的影响, 先用退相干无关子空间克制信道联合噪声的影响, 再通过引入附加粒子和执行联合幺正演化来消除非最大纠缠信道对量子隐形传态的影响.

4.3.1　联合退相位噪声信道下的量子可控隐形传态协议

发送方 Alice 拥有一个由 m 个粒子 $x_1, \cdots, x_m$ 组成的未知量子态系统, 其状态可表示为

$$|\chi\rangle_{x_1,\cdots,x_m} = \sum_{j_1,\cdots,j_m=0}^{1} \beta_{j_1,\cdots,j_m} |j_1\cdots j_m\rangle_{x_1,\cdots,x_m},$$

量子态系数满足归一化条件:

$$\sum_{j_1,\cdots,j_m=0}^{1} \left|\beta_{j_1,\cdots,j_m}\right|^2 = 1.$$

为提高远程量子态制备安全性, 发送方希望在控制方的控制下将未知量子态 $|\chi\rangle_{x_1,\cdots,x_m}$ 传送给接收方, 而不需要将未知量子态系统直接发送给接收方.

为完成任意未知高维多粒子可控隐形传态, 通信方以多粒子纠缠态为量子纠缠信道. 假设发送方制备的多粒子纠缠态为非最大纠缠纯态:

$$|\Phi\rangle_{a_0,\cdots,a_{2n+2}} = \alpha_0 |001\cdots01\rangle_{a_0,\cdots,a_{2n+2}} + \alpha_1 |110\cdots10\rangle_{a_0,\cdots,a_{2n+2}}.$$

纠缠态中相邻两个光子 $a_{2k-1}, a_{2k}(k=1,\cdots,n)$ 经过相同的联合退相位噪声信道后, 纠缠态 $|\Phi\rangle_{a_0,\cdots,a_{2n+2}}$ 形式保持不变.

为实现联合退相位噪声下的任意未知高维多粒子态的可控隐形传态, 通信方以 m 个 $2n+3$ 粒子纠缠态为量子纠缠信道. 由 m 个多粒子纠缠

态所组成的量子纠缠信道可表示为

$$|\Phi'\rangle \equiv \prod_{l=1}^{m}(\alpha_0|001\cdots01\rangle_{a_0,\cdots,a_{2n+2}} + \alpha_1|110\cdots10\rangle_{a_0,\cdots,a_{2n+2}})_l.$$

如图 4.1 所示, 发送方 Alice 将第 l 个 $(l=1,2,\cdots,m)$ 多粒子纠缠态中第 $2k-1$, 第 $2k$ 个 $(k=1,\cdots,n)$ 粒子 $a_{2k-1,l}, a_{2k,l}$ 发送给控制方 Bob$_k$, 将第 $2n+1$, 第 $2n+2$ 个粒子 $a_{2n+1,l}, a_{2n+2,l}$ 发送给接收方 Charlie, 保留每个多粒子纠缠态中第 1 个粒子 $a_{0,l}$.

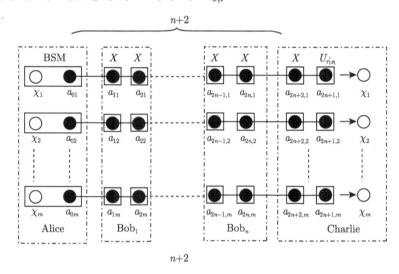

图 4.1 联合退相位噪声信道下量子可控隐形传态原理图

安全建立量子纠缠信道后, Alice 对手中的粒子 $\chi_l, a_{0l}(l=1,\cdots,m)$ 执行 Bell 基测量. 为重建未知量子态 $|\chi\rangle_{\chi_1,\cdots,\chi_m}$, n 个控制方 Bob$_k$ 对他们所拥有的纠缠粒子执行 X 基测量, 接收方通过执行相应的局域幺正演化可概率地重建原来的未知量子态 $|\chi\rangle_{\chi_0}$. 即由纠缠粒子和未知量子态系统所组成的复合系统量子态可改写为

$$|\chi\rangle \otimes |\Phi'\rangle$$

$$= \sum_{j_1,\cdots,j_m=0}^{1} \beta_{j_1,\cdots,j_m}|j_1\cdots j_m\rangle_{\chi_1,\cdots,\chi_m} \otimes \prod_{l=1}^{m}(\alpha_0|001\cdots01\rangle + \alpha_1|110\cdots10\rangle)_l$$

$$= \frac{1}{2^{m/2}} \sum_{\substack{r_1,\cdots,r_m, \\ s_1,\cdots,s_m,j_1,\cdots,j_m=0}}^{1} |\psi_{r_1 s_1}\rangle_{\chi_1 a_{01}} \otimes |\psi_{r_2 s_2}\rangle_{\chi_2 a_{02}} \otimes \cdots$$

$$\otimes |\psi_{r_m s_m}\rangle_{\chi_m a_{0m}} \otimes (-1)^{j_1 r_1 + j_2 r_2 + \cdots + j_m r_m} \beta_{j_1, j_2, \cdots, j_m}$$

$$\times \alpha_{j_1 \oplus s_1} \cdots \alpha_{j_m \oplus s_m} \prod_{k_1=1}^{n+1} (|j_1 \oplus s_1\rangle |j_1 \oplus s_1 \oplus 1\rangle)_{k_1} \otimes \cdots$$

$$\otimes \prod_{k_m=1}^{n+1} (|j_m \oplus s_m\rangle |j_m \oplus s_m \oplus 1\rangle)_{k_m}.$$

对粒子 $\chi_l, a_{0l}(l = 1, \cdots, m)$ 执行 Bell 基测量, 若测量结果为 $|\psi_{r_l s_l}\rangle_{\chi_l a_l}$, 则剩余粒子 $a_{11}, a_{21}, \cdots, a_{2n+2,m}$ 状态为 $|\varphi\rangle_{a_{11}, a_{21}, \cdots, a_{2n+2,m}}$:

$$|\varphi\rangle_{a_{11}, a_{21}, \cdots, a_{2n+2,m}}$$

$$= \sum_{j_1, \cdots, j_m=0}^{1} (-1)^{j_1 r_1 + \cdots + j_m r_m} \alpha_{j_1 \oplus s_1} \cdots \alpha_{j_m \oplus s_m} \beta_{j_1, j_2, \cdots, j_m}$$

$$\times \prod_{k_1=1}^{n+1} (|j_1 \oplus s_1\rangle |j_1 \oplus s_1 \oplus 1\rangle)_{k_1} \otimes \cdots$$

$$\otimes \prod_{k_m=1}^{n+1} (|j_m \oplus s_m\rangle |j_m \oplus s_m \oplus 1\rangle)_{k_m}.$$

为完成未知量子态重建, 控制方 Bob_k 对他第 l 个 $(l = 1, \cdots, m)$ 多粒子纠缠态中的纠缠粒子 $a_{2k-1,l}, a_{2k,l}$ 执行 X 基测量, 接收方对第 l 个 $(l = 1, \cdots, m)$ 多粒子纠缠态中的纠缠粒子 $a_{2n+2,l}$ 执行 X 基测量. 所有控制方和接收方所执行的 X 基测量可用 M 表示:

$$M = \prod_{l=1}^{m} M_l,$$

其中,

$$M_l = (\langle 0|_x)^{2n+1-t_l} \otimes (\langle 1|_x)^{t_l}$$

用于表示所有控制方和接收方对第 l 个多粒子纠缠态所执行的单粒子

测量, t_l 表示单粒子测量中测量结果为 $|1\rangle_x$ 的个数. $|0\rangle_x = \frac{1}{\sqrt{2}}(|0\rangle + |1\rangle), |1\rangle_x = \frac{1}{\sqrt{2}}(|0\rangle - |1\rangle)$ 表示 X 测量基的两个本征态. 在所有发送方与接收方执行 M 测量后, 接收方 Charlie 所拥有的粒子 $a_{2n+1,l}(l = 1, 2, \cdots, m)$ 处于相应状态 (忽略整体相位):

$$|\varphi\rangle_{a_{2n+1,1},\cdots,a_{2n+1,m}} = M \sum_{j_1,\cdots,j_m=0}^{1} (-1)^{j_1 r_1 + \cdots + j_m r_m} \alpha_{j_1 \oplus s_1} \cdots \alpha_{j_m \oplus s_m} \beta_{j_1 j_2 \cdots j_m}$$
$$\times \prod_{k_1=1}^{n+1} (|j_1 \oplus s_1\rangle |j_1 \oplus s_1 \oplus 1\rangle)_{k_1} \cdots$$
$$\times \prod_{k_m=1}^{n+1} (|j_m \oplus s_m\rangle |j_m \oplus s_m \oplus 1\rangle)_{k_m}$$
$$= \sum_{j_1,\cdots,j_m=0}^{1} (-1)^{j_1 r_1' + \cdots + j_m r_m'} \beta_{j_1 j_2 \cdots j_m} \alpha_{j_1 \oplus s_1} \cdots$$
$$\times \alpha_{j_m \oplus s_m} |j_1 \oplus s_1\rangle |j_2 \oplus s_2\rangle \cdots |j_m \oplus s_m\rangle,$$

其中, $r_{l'} = r_l \oplus t_l$. 由等式可知, 接收方手中的纠缠粒子 $a_{2n+1,l}$ 状态与发送方 Bell 基测量结果以及单粒子测量结果具有对应关系. 接收方可以通过引入附加粒子和执行局域幺正演化来概率地重建原来未知量子态 $|\chi\rangle_{\chi_1,\cdots,\chi_m}$. 接收方 Charlie 先引入一个初态为 $|0\rangle$ 的附加量子比特 a_{aux}, 再对纠缠粒子 $a_{2n+1,l}$ 和附加量子比特 a_{aux} 执行联合幺正演化 $U_{\max}$.

假设

$$\alpha_k = \min\{\alpha_0, \alpha_1\},$$

以及

$$\Lambda_{l_1,\cdots,l_m} = \frac{\alpha_k^m}{\alpha_{l_1} \cdots \alpha_{l_m}}, \quad \Lambda_{l_1,\cdots,l_m'} = \sqrt{1 - \left(\frac{\alpha_k^m}{\alpha_{l_1} \cdots \alpha_{l_m}}\right)^2}.$$

在测量基 $\{|l_1 l_2 \cdots l_m\rangle |0\rangle_{\text{aux}}, |l_1 l_2 \cdots l_m\rangle |1\rangle_{\text{aux}}\} (l_1, l_2, \cdots, l_m = 0, 1)$ 下, 联合幺正演化可以用 $U_{\max}$ 表示:

$$U_{\max} =
\begin{pmatrix}
\frac{(\alpha_k)^m}{(\alpha_0)^m} & \cdots & 0 & \cdots & 0 & -\sqrt{1-\left(\frac{\alpha_k}{\alpha_0}\right)^{2m}} & \cdots & 0 & \cdots & 0 \\
\vdots & & \vdots & & \vdots & \vdots & & \vdots & & \vdots \\
0 & \cdots & \Lambda_{l_1\cdots l_m} & \cdots & 0 & 0 & \cdots & -\Lambda_{l_1\cdots l'_m} & \cdots & 0 \\
\vdots & & \vdots & & \vdots & \vdots & & \vdots & & \vdots \\
0 & \cdots & 0 & \cdots & \frac{(\alpha_k)^m}{(\alpha_1)^m} & 0 & \cdots & 0 & \cdots & -\sqrt{1-\left(\frac{\alpha_k}{\alpha_1}\right)^{2m}} \\
\sqrt{1-\left(\frac{\alpha_k}{\alpha_0}\right)^{2m}} & \cdots & 0 & \cdots & 0 & \frac{(\alpha_k)^m}{(\alpha_0)^m} & \cdots & 0 & \cdots & 0 \\
\vdots & & \vdots & & \vdots & \vdots & & \vdots & & \vdots \\
0 & \cdots & \Lambda_{l_1\cdots l'_m} & \cdots & 0 & 0 & \cdots & \Lambda_{l_1\cdots l_m} & \cdots & 0 \\
\vdots & & \vdots & & \vdots & \vdots & & \vdots & & \vdots \\
0 & \cdots & 0 & \cdots & \sqrt{1-\left(\frac{\alpha_k}{\alpha_1}\right)^{2m}} & 0 & \cdots & 0 & \cdots & \frac{(\alpha_k)^m}{(\alpha_1)^m}
\end{pmatrix}$$

联合幺正演化 $U_{\max}$ 可概率地将量子态 $|\varphi\rangle$ 转化为需制备量子态 $|\chi\rangle_{\chi_1,\cdots,\chi_m}$.

$$U_{\max}|\varphi\rangle|0\rangle_{\mathrm{aux}}$$
$$= \sum_{j_1,\cdots,j_m=0}^{1} (-1)^{j_1 r_1' + \cdots + j_m r_m'} \alpha_{j_1 \oplus s_1} \cdots \alpha_{j_m \oplus s_m} \beta_{j_1,\cdots,j_m} |j_1 \oplus s_1\rangle \cdots |j_m \oplus s_m\rangle$$
$$\times \left(\frac{\alpha_k^m}{\alpha_{j_1 \oplus s_1} \cdots \alpha_{j_m \oplus s_m}} |0\rangle + \sqrt{1 - \left(\frac{\alpha_k^m}{\alpha_{j_1 \oplus s_1} \cdots \alpha_{j_m \oplus s_m}}\right)^2} |1\rangle \right)_{\mathrm{aux}}.$$

联合幺正演化后, 接收方对附加粒子执行 Z 基测量. 测量有两种可能结果 $|0\rangle$ 或 $|1\rangle$. 如果测量结果为 $|0\rangle$, 则量子可控隐形传态成功, 否则量子可控隐形传态失败. 若 Z 基测量结果为 $|0\rangle$, 则粒子 $a_{2n+2,l}$ 状态坍缩为

$$|\varphi\rangle' = \sum_{j_1,\cdots,j_m=0}^{1} (-1)^{j_1 r_1' + \cdots + j_m r_m'} \beta_{j_1,\cdots,j_m} |j_1 \oplus s_1\rangle \cdots |j_m \oplus s_m\rangle.$$

Charlie 对纠缠粒子 $a_{2n+1,l}$ 执行相应的局域幺正操作:

$$U_{r_l' s_l} = \sum_{j'=0}^{1} (-1)^{r_l' j'} |j'\rangle \langle j' \oplus s_l|.$$

就可以在他的粒子上重建原来的量子态:

$$U_{r_1' s_1} \otimes \cdots \otimes U_{r_m' s_m} |\varphi\rangle_{a_{2n+1,1},\cdots,a_{2n+1,m}} = |\chi\rangle_{\chi_1,\cdots,\chi_m}.$$

量子可控隐形传态成功概率等于对附加粒子执行 Z 基测量, 得到测量结果 $|0\rangle$ 的概率. 成功概率为 $2^m |\alpha_k|^{2m}$.

4.3.2 联合转动噪声信道下的量子可控隐形传态协议

与联合退相位信道下的量子可控隐形传态类似, 为实现联合转动噪声信道下的量子可控隐形传态, 发送方首先与控制方和接收方共享 m 个多粒子纠缠态 $|\Psi\rangle^{\otimes m}$, 然后对手中的粒子执行 Bell 基测量. n 个控制方

Bob_q 对他们的粒子执行单粒子测量, 接收方通过引入附加粒子和联合幺正演化, 可以在他的粒子上概率地重建原来的未知量子态. 假设发送方 Alice 制备的是 m 个多粒子非最大纠缠纯态:

$$|\Psi\rangle = c_0|0\rangle|\psi_{00}\rangle \cdots |\psi_{00}\rangle + c_1|1\rangle|\psi_{11}\rangle \cdots |\psi_{11}\rangle,$$

量子态 $|\Psi\rangle$ 中相邻两个光子 $a_{2k-1}, a_{2k}(k = 1, \cdots, n+1)$ 经过具有相同联合转动噪声的信道后, 量子态 $|\Psi\rangle$ 形式不变. 量子纠缠信道由一序列 $2n + 3$ 粒子纯纠缠态组成,

$$|\Psi'\rangle \equiv \prod_{l=1}^{m} (c_0|0\rangle|\psi_{00}\rangle \cdots |\psi_{00}\rangle + c_1|1\rangle|\psi_{11}\rangle \cdots |\psi_{11}\rangle)_l.$$

与联合退相位信道下的量子可控隐形传态类似, 为实现联合转动噪声信道下的量子可控隐形传态, 发送方与控制方和接收方共享 m 个多粒子纠缠态 $|\Psi\rangle^{\otimes m}$. 如图 4.2 所示, 发送方 Alice 将第 l 个 $(l = 1, 2, \cdots, m)$ 多粒子纠缠态中第 $2k - 1$, 第 $2k$ 个 $(k = 1, \cdots, n)$ 粒子 $a_{2k-1,l}, a_{2k,l}$ 发送给控制方 Bob_k, 将第 $2n + 1$, 第 $2n + 2$ 个粒子 $a_{2n+1,l}, a_{2n+2,l}$ 发送给接收方 Charlie, 保留每个多粒子纠缠态中第 1 个粒子 $a_{0,l}$. 通信方可以使用诱骗光子技术来建立安全量子信道. 诱骗光子随机处于下列四种状态之一: $|\psi_{00}\rangle, |\psi_{11}\rangle, \frac{1}{\sqrt{2}}(|\psi_{00}\rangle + |\psi_{11}\rangle), \frac{1}{\sqrt{2}}(|\psi_{00}\rangle - |\psi_{11}\rangle)$. 由粒子 $\chi_1, \chi_2, \cdots, \chi_m$ 和粒子 $a_{kl}(k = 0, 1, \cdots, 2n+2, l = 1, 2, \cdots, m)$ 可知 (量子态未归一化)

$$|\chi\rangle \otimes |\Psi'\rangle$$
$$= \sum_{j_1, j_2, \cdots, j_m = 0}^{1} \beta_{j_1, j_2, \cdots, j_m} |j_1, j_2, \cdots, j_m\rangle_{\chi_1, \chi_2, \cdots, \chi_m}$$
$$\otimes \prod_{l=1}^{m} (c_0|0\rangle|\psi_{00}\rangle \cdots |\psi_{00}\rangle + c_1|1\rangle|\psi_{11}\rangle \cdots |\psi_{11}\rangle)$$

$$= \sum_{\substack{r_1,\cdots,r_m,s_1,\cdots,s_m,j_1,\cdots,j_m \\ v_{1,1},\cdots,v_{n+1,1},\cdots,v_{1,m},\cdots,v_{n+1,m}=0}}^{1} \psi_{r_1s_1}\rangle_{\chi_1 a_{01}} \otimes \cdots \otimes |\psi_{r_m s_m}\rangle_{\chi_m a_{0m}}$$

$$\times (-1)^{(j_1 r_1' + \cdots + j_m r_m' + v_1 s_1 + \cdots + v_m s_m)}$$

$$\times |\beta_{j_1 j_2 \cdots j_m} c_{j_1 \oplus s_1} c_{j_2 \oplus s_2} \cdots c_{j_m \oplus s_m} |v_{1,1}\rangle |v_{1,1} \oplus j_1 \oplus s_1\rangle \cdots$$

$$\otimes |v_{n+1,1}\rangle |v_{n+1,1} \oplus j_1 \oplus s_1\rangle$$

$$\otimes |v_{1,2}\rangle |v_{1,2} \oplus j_2 \oplus s_2\rangle \cdots |v_{n+1,2}\rangle |v_{n+1,2} \oplus j_2 \oplus s_2\rangle \cdots$$

$$\otimes |v_{1,m}\rangle |v_{1,m} \oplus j_m \oplus s_m\rangle \cdots |v_{n+1,m}\rangle |v_{n+1,m} \oplus j_m \oplus s_m\rangle,$$

其中, $r_q' = r_q + v_q (q = 1, \cdots, m)$, $v_q = v_{1,q} + v_{2,q} + \cdots + v_{n+1,q}$.

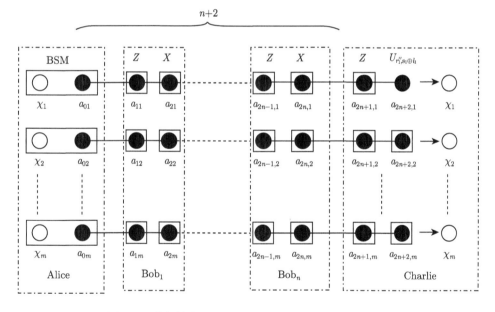

图 4.2 联合转动噪声信道下量子可控隐形传态原理图

如果 Alice 测量结果为 $|\psi_{r_l s_l}\rangle_{\chi_l a_{0l}} (l = 1, 2, \cdots, m)$, 则由剩余粒子组成的子系统状态坍缩为 $|\xi\rangle_{a_{11}, \cdots, a_{2n+2,m}}$.

$$|\xi\rangle_{a_{11}, \cdots, a_{2n+2,m}}$$

$$= \sum_{\substack{j_1 \cdots j_m, v_{1,1}, \cdots, v_{n+1,1} \\ \cdots, v_{1,m}, \cdots, v_{n+1,m} = 0}}^{1} (-1)^{j_1 r_1' + \cdots + j_m r_m' + v_1 s_1 + \cdots + v_m s_m}$$

$$\times \beta_{j_1, j_2, \cdots, j_m} c_{j_1 \oplus s_1} c_{j_2 \oplus s_2} \cdots c_{j_m \oplus s_m} |v_{1,1}\rangle$$

$$\otimes |v_{1,1} \oplus j_1 \oplus s_1\rangle| \cdots |v_{n+1,1}\rangle |v_{n+1,1} \oplus j_1 \oplus s_1\rangle |v_{1,2}\rangle |v_{1,2} \oplus j_2$$

$$\oplus s_2\rangle \cdots |v_{n+1,2}\rangle$$

$$\oplus |v_{1,1} \oplus j_1 \oplus s_1\rangle| \cdots |v_{n+1,1}\rangle |v_{n+1,1} \oplus j_1 \oplus s_1\rangle |v_{1,2}\rangle |v_{1,2} \oplus j_2$$

$$\oplus s_2\rangle \cdots |v_{n+1,2}\rangle.$$

如图 4.2 所示, Bell 基测量后, 控制方 $\mathrm{Bob}_k (k = 1, \cdots, n)$ 对粒子 $a_{2k,l}(l = 1, \cdots, m)$ 执行 X 基测量, 对粒子 $a_{2k-1,l}$ 执行 Z 基测量. 接收方通过对纠缠粒子和附加粒子执行联合幺正演化, 对纠缠粒子 $a_{2n+1,l}$ 和附加粒子执行 Z 基测量, 可概率重建原来的未知量子态. 所有控制方的 X 基测量可表示为

$$M'' = \prod_{l=1}^{m} M_l,$$

其中, $M_l = (\langle 0|_x)^{n-t_l} \otimes (\langle 1|_x)^{t_l}$ 表示所有控制方对第 l 个多粒子纠缠态所执行的 X 基测量, t_l 代表测量得到 $|1\rangle_x$ 结果的数目. 所有控制方完成 X 基测量后, 接收方对粒子 $a_{2n+1,l}$ 执行 Z 基测量, 剩余粒子态可表示为 (忽略整体相位)

$$|\xi\rangle_{s_1} = \sum_{j_1, \cdots, j_m = 0}^{1} (-1)^{(j_1 r_1'' + \cdots + j_m r_m'')} \beta_{j_1, j_2, \cdots, j_m} c_{j_1 \oplus s_1} c_{j_2 \oplus s_2} \cdots$$

$$\times c_{j_m \oplus s_m} |v_{n+1,1} \oplus j_1 \oplus s_1\rangle$$

$$\otimes |v_{n+1,2} \oplus j_2 \oplus s_2\rangle \cdots |v_{n+1,m} \oplus j_m \oplus s_m\rangle,$$

其中,

$$r_q'' = r_q' + t_q.$$

为概率地获取原来未知量子态 $|\xi\rangle_{s_1}$, 接收方 Charlie 引入初态为 $|0\rangle_{\text{aux}}$ 的附加量子比特 $a_{2n+2,l}$, 对附加量子比特 a_{aux} 和纠缠粒子 $a_{2n+2,l}$ 执行联合幺正演化 $U'_{\max}$. 假设 $c_k = \min\{c_0, c_1\}$, 联合幺正演化可表示为

$$
\begin{aligned}
U'_{\max} = \sum_{j_1,\cdots,j_m=0}^{1} &\left(\frac{c_k^m}{c_{j_1 \oplus s_1} c_{j_2 \oplus s_2} \cdots c_{j_m \oplus s_m}} |v_{n+1,1} \oplus j_1 \oplus s_1\rangle \cdots \right. \\
&\otimes |v_{n+1,m} \oplus j_m \oplus s_m\rangle |0\rangle \\
&+ \sqrt{1 - \left(\frac{c_k^m}{c_{j_1 \oplus s_1} c_{j_2 \oplus s_2} \cdots c_{j_m \oplus s_m}} \right)^2} |v_{n+1,1} \oplus j_1 \oplus s_1\rangle \cdots \\
&\left. \otimes |v_{n+1,m} \oplus j_m \oplus s_m\rangle |1\rangle \right) \\
&\langle v_{n+1,1} \oplus j_1 \oplus s_1| \cdots \langle v_{n+1,m} \oplus j_m \oplus s_m| \langle 0|.
\end{aligned}
$$

联合幺正演化 $U'_{\max}$ 可将量子态 $|\xi\rangle_{s_1}$ 概率地转化为需制备量子态:

$$
\begin{aligned}
&U'_{\max} |\xi\rangle_{s_1} \\
&= \sum_{j_1,\cdots,j_m=0}^{1} (-1)^{j_1 r_1'' + \cdots + j_m r_m''} \beta_{j_1 j_2 \cdots j_m} c_{j_1 \oplus s_1} c_{j_2 \oplus s_2} \cdots \\
&\quad c_{j_m \oplus s_m} |v_{n+1,1} \oplus j_1 \oplus s_1\rangle \cdots |v_{n+1,m} \oplus j_m \oplus s_m\rangle \\
&\quad \otimes \left(\frac{c_k^m}{c_{j_1 \oplus s_1} c_{j_2 \oplus s_2} \cdots c_{j_m \oplus s_m}} |0\rangle + \sqrt{1 - \left(\frac{c_k^m}{c_{j_1 \oplus s_1} c_{j_2 \oplus s_2} \cdots c_{j_m \oplus s_m}} \right)^2} |1\rangle \right)_{\text{aux}}.
\end{aligned}
$$

幺正演化后, Charlie 对附加粒子执行 Z 基测量, 若测量结果为 $|0\rangle$, 则可控量子隐形传态成功, 否则可控量子隐形传态失败. 如果 Charlie 测量结果为 $|0\rangle$, 粒子 $a_{2n+2,l}$ 坍缩到相应状态:

$$
\begin{aligned}
|\xi\rangle_{s_2} = \sum_{j_1,\cdots,j_m=0}^{1} &(-1)^{j_1 r_1'' + \cdots + j_m r_m''} \beta_{j_1,j_2,\cdots,j_m} |v_{n+1,1} \oplus j_1 \oplus s_1\rangle \\
&\otimes |v_{n+1,2} \oplus j_2 \oplus s_2\rangle \cdots |v_{n+1,m} \oplus j_m \oplus s_m\rangle.
\end{aligned}
$$

Charlie 粒子 $a_{2n+2,l}$ 执行相应的局域幺正操作 $U_{r_l'', s_l \oplus v_{n+1,l}}$ 就可以在他的

粒子上重建原来的未知量子态：

$$U_{r_1'',s_1\oplus v_{n+1,1}} \otimes \cdots \otimes U_{r_m'',s_m\oplus v_{n+1,m}} |\xi\rangle_{s_2} = |\chi\rangle_{\chi_1\cdots\chi_m},$$

其中，

$$U_{r_l'',v_{n+1,l}\oplus s_l} = \sum_{j=0}^{1}(-1)^{r_l''j} |j\rangle \langle j \oplus s_l \oplus v_{n+l,l}|.$$

量子可控隐形传态成功率为 $2^m|c_k|^{2m}$.

第5章　基于线性光学元件的光量子态远程制备研究

光量子态是远程量子通信的理想信息载体, 基于线性光学元件的光量子态远程制备方案仅需要使用极化分束器 (PBS)、玻片 (wave plate)、分束器 (BS) 等简单线性光学元件就可以实现光量子态远程制备, 具有对用户设备要求不高, 容易实现的优点. 按用户共享量子纠缠信道不同, 可将光量子态远程制备分为基于多光子纠缠态的光量子态远程制备和基于超纠缠态的并行光量子态远程制备两类, 下面介绍这两类光量子态远程制备协议.

5.1　基于线性光学元件的光量子态远程制备协议

为更清晰地阐述基于线性光学元件的多光子态联合制备原理, 先讨论基于线性光学元件的任意双光子态联合制备协议, 在将方案推广到任意三光子态的远程联合制备中.

5.1.1　任意双光子态远程联合制备模型

任意双光子态可表示为

$$|\Psi\rangle = \alpha_{00}|00\rangle + \alpha_{01}|01\rangle + \alpha_{10}|10\rangle + \alpha_{11}|11\rangle,$$

其中, 复数 $\alpha_{00}, \alpha_{01}, \alpha_{10}, \alpha_{11}$ 满足归一化条件 $|\alpha_{00}|^2 + |\alpha_{01}|^2 + |\alpha_{10}|^2 + |\alpha_{11}|^2 = 1$, $|0\rangle, |1\rangle$ 分别表示光子的水平和垂直极化态. 不失一般性, 假设 α_{11} 为其中最大系数且满足关系 $|\alpha_{00}\alpha_{01}| < |\alpha_{10}\alpha_{11}|$, $|\alpha_{00}\alpha_{10}| < |\alpha_{01}\alpha_{11}|$

以及 $|\alpha_{10}\alpha_{01}| < |\alpha_{00}\alpha_{11}|$ (其他情况可对方案作相应的调整).

两个发送方 Alice 和 Bob 共享量子态 $|\Psi\rangle$ 信息. 即 Alice 已知参数 R_1, R_2, Bob 已知参数 R_3. 其中

$$R_1 = \sqrt{\frac{\alpha_{00}\alpha_{01}}{\alpha_{10}\alpha_{11}}}, \quad R_2 = \sqrt{\frac{\alpha_{00}\alpha_{10}}{\alpha_{01}\alpha_{11}}}, \quad R_3 = \sqrt{\frac{\alpha_{01}\alpha_{10}}{\alpha_{00}\alpha_{11}}}.$$

两个发送方依据信息 R_1, R_2, R_3 使用线性光学元件和执行单粒子测量, 协助远方接收方制备量子态 $|\Psi\rangle$. 接收方与发送方合作通过幺正操作完成量子态制备.

线性光学元件中玻片 $R(\theta)$ 可将光子极化态旋转 θ 角:

$$|0\rangle \xrightarrow{R(\theta)} \cos(\theta)|0\rangle + \sin(\theta)|1\rangle,$$

$$|1\rangle \xrightarrow{R(\theta)} -\sin(\theta)|0\rangle + \cos(\theta)|1\rangle.$$

为实现双光子态 $|\Psi\rangle$ 的联合制备, 发送方 Alice, Bob 与接收方 Charlie 以一个 5 光子纠缠簇态, 并使用基于线性光学元件的参数劈裂法将量子纠缠信道转化为目标信道. Charlie 通过单粒子操作制备需制备量子态.

5 光子纠缠簇态可表示为

$$|\Phi\rangle = \frac{1}{2}(|00000\rangle + |00111\rangle + |11010\rangle + |11101\rangle)_{A_1A_2C_1BC_2},$$

其中, 纠缠光子 A_1, C_1 属于 Alice, 光子 B 属于 Bob, 光子 A_2, C_2 属于 Charlie. 其他系数的双光子态远程制备可在这一模型的基础上作一些调整.

基于线性光学元件的任意双光子态联合制备原理如图 5.1 所示. 发送方依据已知信息使用线性光学元件将量子纠缠信道转化, 转化完成后

对手中的纠缠光子执行单光子测量. 接收方通过执行单光子操作可实现原来量子态的重建. 线性光学元件中的极化分束器可以透射水平极化光子, 反射垂直极化光子. 玻片 $R(\theta_1), R(\theta_2), R(\theta_3)$ 对光子极化状态旋转相应角度.

$$|0_{a_0}\rangle \xrightarrow{R(\theta_1)} R_1|0\rangle + \sqrt{1-R_1^2}|1\rangle,$$

$$|0_{c_0}\rangle \xrightarrow{R(\theta_2)} R_2|0\rangle + \sqrt{1-R_2^2}|1\rangle,$$

$$|1_{b_1}\rangle \xrightarrow{R(\theta_3)} R_3|1\rangle + \sqrt{1-R_3^2}|0\rangle.$$

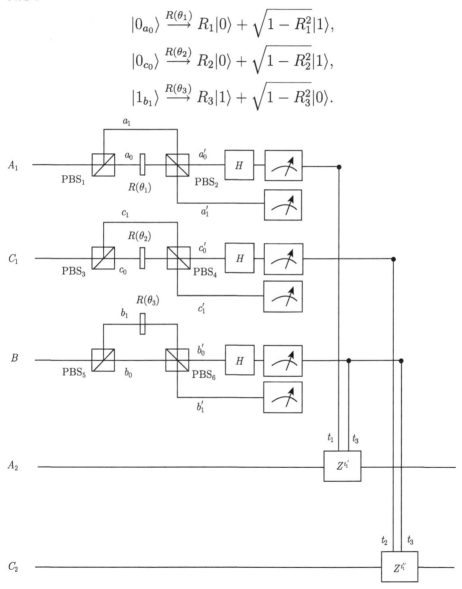

图 5.1　基于线性光学元件的任意双光子态联合制备原理图

其中, 系数 R_1, R_2, R_3 为小于 1 的正数.

$$\theta_1 = \arccos R_1, \quad \theta_2 = \arccos R_2, \quad \theta_3 = \arcsin R_3 - \frac{\pi}{2}.$$

为将量子纠缠信道 $|\Phi\rangle$ 转化为目标信道, 发送方让手中的纠缠光子通过线性光学元件. 即 Alice 让她的纠缠光子 A_1, C_1 通过极化分束器 PBS_1, PBS_2, Bob 让他的纠缠光子 B 通过极化分束器 PBS_3. 通过分束器后, 光子 A_1, C_1, B, A_2, C_2 组成的复合系统状态转化为

$$|\Phi_1\rangle = \frac{1}{2}\big(|0_{a_0}\rangle|0\rangle|0_{c_0}\rangle|0_{b_0}\rangle|0\rangle + |0_{a_0}\rangle|0\rangle|1_{c_1}\rangle|1_{b_1}\rangle|1\rangle + |1_{a_1}\rangle|1\rangle|0_{c_0}\rangle|1_{b_1}\rangle|0\rangle$$
$$+ |1_{a_1}\rangle|1\rangle|1_{c_1}\rangle|0_{b_0}\rangle|1\rangle\big)_{A_1 A_2 C_1 B C_2},$$

式中, $a_0, a_1, c_0, c_1, b_0, b_1$ 分别表示光子 A_1, C_1, B 的两种空间模式.

为实现双光子态联合制备, 发送方 Alice, Bob 通过在光路 a_0, c_0, b_0 中插入玻片 $R(\theta_1), R(\theta_2), R(\theta_3)$ 来实现相应的单光子局域幺正操作. 光子 A_1, C_1, B 穿过玻片 $R(\theta_1), R(\theta_2), R(\theta_3)$ 后, 复合系统状态转化为 (未归一化)

$$
\begin{aligned}
|\Phi_2\rangle = {} & \left(R_1|0_{a_0}\rangle + \sqrt{1-R_1^2}|1_{a_0}\rangle\right)_{A_1} |0\rangle_{A_2} \\
& \times \left(R_2|0_{c_0}\rangle + \sqrt{1-R_2^2}|1_{c_0}\rangle\right)_{C_1} |0_{b_0}\rangle_B |0\rangle_{C_2} \\
& + \left(R_1|0_{a_0}\rangle + \sqrt{1-R_1^2}|1_{a_0}\rangle\right)_{A_1} |0\rangle_{A_2}|1_{c_1}\rangle_{C_1} \\
& \times \left(R_3|1_{b_1}\rangle + \sqrt{1-R_3^2}|0_{b_1}\rangle\right)_B |1\rangle_{C_2} \\
& + |1_{a_1}\rangle_{A_1}|1\rangle_{A_2}\left(R_2|0_{c_0}\rangle + \sqrt{1-R_2^2}|1_{c_0}\rangle\right)_{C_1} \\
& \times \left(R_3|1_{b_1}\rangle + \sqrt{1-R_3^2}|0_{b_1}\rangle\right)_B |0\rangle_{C_2}
\end{aligned}
$$

$$+ |1_{a_1}\rangle_{A_1}|1\rangle_{A_2}|1_{c_1}\rangle_{C_1}|0_{b_0}\rangle_B|1\rangle_{C_2}.$$

光子 A_1, C_1, B 通过极化分束器 $\mathrm{PBS}_4, \mathrm{PBS}_5, \mathrm{PBS}_6$ 后, 5 光子 $A_1, C_1,$ B, A_2, C_2 组成的复合系统状态由 $|\Phi_2\rangle$ 转化为 $|\Phi_3\rangle$

$$
\begin{aligned}
|\Phi_3\rangle = & \left(R_1 R_2 |000_{a_0' c_0' b_0'}\rangle + R_2\sqrt{1-R_1^2}|100_{a_1' c_0' b_0'}\rangle \right. \\
& + R_1\sqrt{1-R_2^2}|010_{a_0' c_0' b_0'}\rangle + \sqrt{1-R_1^2} \\
& \left. \times \sqrt{1-R_2^2}|110_{a_1' c_1' b_0'}\rangle \right)_{A_1 C_1 B} |00\rangle_{A_2 C_2} \\
& + \left(R_1 R_3 |011_{a_0' c_0' b_0'}\rangle_{A_1 C_1 B} + R_1\sqrt{1-R_3^2}|010_{a_0' c_0' b_1'}\rangle \right. \\
& + R_3\sqrt{1-R_1^2}|111_{a_1' c_0' b_0'}\rangle \\
& \left. + \sqrt{1-R_1^2}\sqrt{1-R_3^2}|110_{a_1' c_0' b_1'}\rangle \right)_{A_1 C_1 B}|01\rangle_{A_2 C_2} \\
& + \left(R_2 R_3 |101_{a_0' c_0' b_0'}\rangle \right. \\
& + R_3\sqrt{1-R_2^2}|111_{a_0' c_1' b_0'}\rangle + R_2\sqrt{1-R_3^2}|100_{a_0' c_0' b_1'}\rangle \\
& \left. + \sqrt{1-R_2^2}\sqrt{1-R_3^2}|110_{a_0' c_1' b_1'}\rangle \right)_{A_1 C_1 B} \\
& \otimes |10\rangle_{A_2 C_2} + |110_{a_0' c_0' b_0'}\rangle|11\rangle_{A_2 C_2} \\
= & \frac{1}{\alpha_{11}}\left(\alpha_{00}|000_{a_0' c_0' b_0'}\rangle_{A_1 C_1 B}|00\rangle_{A_2 C_2} + \alpha_{01}|011_{a_0' c_0' b_0'}\rangle_{A_1 C_1 B}|01\rangle_{A_2 C_2} \right. \\
& + \alpha_{10}|101_{a_0' c_0' b_0'}\rangle_{A_1 C_1 B} \\
& \left. \otimes |10\rangle_{A_2 C_2} + \alpha_{11}|110_{a_0' c_0' b_0'}\rangle_{A_1 C_1 B}|11\rangle_{A_2 C_2} \right) + \cdots,
\end{aligned}
$$

式中, $\cdots$ 用于表示其他光子 A_1, C_1, B 不在路径 a_0', c_0', b_0' 的状态.

与基于线性光学元件的可控量子态制备类似, 如果光子处于路径 a_0', c_0', b_0' 中, 则量子态联合制备成功, 否则量子态联合制备失败. 如果光子 A_1, C_1, B 在路径 a_0', c_0', b_0' 中, 则复合系统状态转化为 $|\Phi_s\rangle$:

$$|\Phi_s\rangle_{A_1 C_1 B A_2 C_2} = \alpha_{00}|00000\rangle + \alpha_{01}|01101\rangle + \alpha_{10}|10110\rangle + \alpha_{11}|11011\rangle.$$

信道成功转化后, 发送方 Alice 和 Bob 对他们的纠缠光子 A_1, C_1, B 执行 X 基测量, 接收方根据发送方公布的 X 基测量结果可实现原来量子态的重建.

在 X 基下, 粒子 A_1, C_1, B, A_2, C_2 组成的复合系统状态可改写为如下形式 (未归一化):

$$
\begin{aligned}
|\Phi_s\rangle &= \sum_{j_1,j_2=0}^{1} \alpha_{j_1 j_2} |j_1, j_2, j_1 \oplus j_2, j_1, j_2\rangle_{A_1 C_1 B A_2 C_2} \\
&= \sum_{\substack{j_1, j_2, \\ t_1, t_2, t_3 = 0}}^{1} (-1)^{j_1 t_1'}(-1)^{j_2 t_2'}\alpha_{j_1 j_2}|t_{1x}\rangle_{A_1}|t_{2x}\rangle_{C_1}|t_{3x}\rangle_B |j_1\rangle_{A_2}|j_2\rangle_{C_2},
\end{aligned}
$$

其中, $t_1' = t_1 + t_3, t_2' = t_2 + t_3$. 即如果发送方 X 基测量结果分别为 $|t_{1x}\rangle_{A_1}, |t_{2x}\rangle_{C_1}$ 和 $|t_{3x}\rangle_B$, 则剩余粒子 A_2, C_2 处于状态 $|\psi\rangle_{A_2 C_2}$:

$$
|\psi\rangle_{A_2 C_2} = \sum_{j_1,j_2=0}^{1} (-1)^{j_1 t_1'}(-1)^{j_2 t_2'}\alpha_{j_1 j_2}|j_1\rangle_{A_2}|j_2\rangle_{C_2}.
$$

接收方 Charlie 对光子 A_2, C_2 分别执行单粒子操作 $Z^{t_1'}, Z^{t_2'}$ 即可在光子 A_2, C_2 上重建量子态 $|\Psi\rangle$:

$$
|\Psi\rangle_{A_2 C_2} = Z^{t_1'} Z^{t_2'} |\psi\rangle_{A_2 C_2},
$$

其中, Z 表示泡利操作:

$$
Z = \begin{pmatrix} 1 & 0 \\ 0 & -1 \end{pmatrix}.
$$

如果光子 A_1, C_1, B 从路径 a_0', c_0', b_0' 出射, 则基于线性光学元件的光量子态联合制备成功, 否则量子态联合制备失败. 量子态联合制备的成功概率等于光子从路径 a_0', c_0', b_0' 出射的概率. 由量子态 $|\Phi_3\rangle$ 的表达

式, 可以计算出基于线性光学元件任意双光子态联合制备的成功概率为 $\dfrac{1}{4|\alpha_{11}|^2}$. 其中 $|\alpha_{11}|^2 = \max\{|\alpha_{j_1 j_2}|^2, j_1, j_2 = 0, 1\}$.

如果光子 A_1, C_1, B 不是从路径 a'_0, c'_0, b'_0 出射, 量子态联合制备失败. 发送方 Alice 和 Bob 不需要将光子 A_1, C_1, B 的全部路径信息传送给接收方, 只需要分别向接收方 Charlie 传送 1 比特的经典信息来传送光子 A_1, C_1, B 是否从路径 a'_0, c'_0, b'_0 出射的信息. 因而基于线性光学元件的任意双光子态联合制备需要以一个 5 粒子纠缠簇态为量子纠缠信道以及需要传送 5 比特的经典信息.

5.1.2 基于线性光学元件任意三光子态远程联合制备协议

下面讨论基于线性光学元件的任意三光子态联合制备协议. 与双光子态联合制备类似, 三光子态联合制备中, 两个发送方共享需制备量子态信息, 接收方只有与所有发送方合作才能完成原有量子态制备. 所有通信方先共享一个多光子纠缠态, 发送方依据已知信息选择设置线性光学元件参数, 实现量子纠缠信道转化, 接收方依据量子态测量结果与剩余粒子坍缩状态间的一一对应关系选取合适的量子操作实现量子态远程制备.

任意三光子态可表示为

$$|\Psi'\rangle = \sum_{l_1, l_2, l_3 = 0}^{1} \alpha_{l_1 l_2 l_3} |l_1 l_2 l_3\rangle,$$

复系数 $\alpha_{000}, \alpha_{001}, \cdots, \alpha_{111}$ 满足归一化条件

$$\sum_{j=0}^{d-1} |\alpha_{l_1 l_2 l_3}|^2 = 1.$$

与双光子态联合制备类似, 假设 α_{111} 为最大系数且满足关系式

$$|\alpha_{000}\alpha_{001}\alpha_{010}\alpha_{011}| < |\alpha_{100}\alpha_{101}\alpha_{110}\alpha_{111}|,$$

$$|\alpha_{000}\alpha_{001}\alpha_{100}\alpha_{101}| < |\alpha_{010}\alpha_{011}\alpha_{110}\alpha_{111}|,$$

$$|\alpha_{000}\alpha_{010}\alpha_{100}\alpha_{110}| < |\alpha_{001}\alpha_{011}\alpha_{101}\alpha_{111}|,$$

$$|\alpha_{000}\alpha_{011}\alpha_{101}\alpha_{110}| < |\alpha_{001}\alpha_{010}\alpha_{100}\alpha_{111}|,$$

$$|\alpha_{001}\alpha_{010}\alpha_{101}\alpha_{110}| < |\alpha_{000}\alpha_{011}\alpha_{100}\alpha_{111}|,$$

$$|\alpha_{001}\alpha_{011}\alpha_{100}\alpha_{110}| < |\alpha_{000}\alpha_{010}\alpha_{101}\alpha_{111}|,$$

$$|\alpha_{010}\alpha_{011}\alpha_{100}\alpha_{101}| < |\alpha_{000}\alpha_{001}\alpha_{110}\alpha_{111}|$$

(如果是其他系数, 则对协议相关内容作相应调整即可).

为实现三光子态联合制备, Alice 和 Bob 共享量子态 $|\Psi'\rangle$ 信息. 即 Alice 已知系数 R_1', R_2', R_3', Bob 已知参数 R_4', R_5', R_6', R_7'.

$$R_1' = \sqrt[4]{\frac{\alpha_{000}\alpha_{001}\alpha_{010}\alpha_{011}}{\alpha_{100}\alpha_{101}\alpha_{110}\alpha_{111}}}, \quad R_2' = \sqrt[4]{\frac{\alpha_{000}\alpha_{001}\alpha_{100}\alpha_{101}}{\alpha_{010}\alpha_{011}\alpha_{110}\alpha_{111}}},$$

$$R_3' = \sqrt[4]{\frac{\alpha_{000}\alpha_{010}\alpha_{100}\alpha_{110}}{\alpha_{001}\alpha_{011}\alpha_{101}\alpha_{111}}}, \quad R_4' = \sqrt[4]{\frac{\alpha_{010}\alpha_{011}\alpha_{100}\alpha_{101}}{\alpha_{000}\alpha_{001}\alpha_{110}\alpha_{111}}},$$

$$R_5' = \sqrt[4]{\frac{\alpha_{001}\alpha_{010}\alpha_{101}\alpha_{110}}{\alpha_{000}\alpha_{011}\alpha_{100}\alpha_{111}}}, \quad R_6' = \sqrt[4]{\frac{\alpha_{001}\alpha_{011}\alpha_{100}\alpha_{110}}{\alpha_{000}\alpha_{010}\alpha_{101}\alpha_{111}}},$$

$$R_7' = \sqrt[4]{\frac{\alpha_{000}\alpha_{011}\alpha_{101}\alpha_{110}}{\alpha_{001}\alpha_{010}\alpha_{100}\alpha_{111}}}.$$

为实现三光子态联合制备, 发送方 Alice, Bob 与接收方 Charlie 共享多粒子纠缠信道, 并依据需制备量子态信息选择设置线性光学元件, 将需制备量子态信息转移到纠缠信道上, 通过纠缠粒子的单粒子测量, 将需制备量子态转移到接收方量子系统上. 接收方通过执行相应单粒子操作重建量子态.

假设所有通信方共享的量子纠缠信道为多光子纠缠态:

$$|\Phi'\rangle = \frac{1}{2\sqrt{2}}(|000000000\rangle + |0000110111\rangle + |0011001101\rangle$$

$$+ |0011111010\rangle + |1100001011\rangle + |1100111100\rangle$$

$$+ |1111000110\rangle + |1111110001\rangle)_{A_1A_2B_1B_2C_1C_2DEFG}.$$

Alice 将多光子纠缠态中的粒子 D, E, F, G 发送给 Bob, 粒子 A_2, B_2, C_2 发送给接收方 Charlie, 保留粒子 A_1, B_1, C_1 在自己手中.

仅需线性光学元件的任意三光子态联合制备线路图如图 5.2 所示. 发送方使用相应线性光学元件将需制备量子态信息转移到量子纠缠信道, 再通过对纠缠粒子的 X 基测量将量子态转移到接收方量子系统上, 接收方通过对纠缠粒子执行相应量子操作完成三光子态联合制备. 与任意双光子态联合制备类似, 玻片 $R(\theta_i')(i = 1, 2, \cdots, 7)$ 可将光子极化状态旋转到相应状态:

$$|0_{a_0}\rangle \xrightarrow{R(\theta_1')} R_1'|0\rangle + \sqrt{1 - R_1'^2}|1\rangle,$$

$$|0_{b_0}\rangle \xrightarrow{R(\theta_2')} R_2'|0\rangle + \sqrt{1 - R_2'^2}|1\rangle,$$

$$|0_{c_0}\rangle \xrightarrow{R(\theta_3')} R_3'|0\rangle + \sqrt{1 - R_3'^2}|1\rangle,$$

$$|1_{d_1}\rangle \xrightarrow{R(\theta_4')} R_4'|1\rangle + \sqrt{1 - R_4'^2}|0\rangle,$$

$$|1_{e_1}\rangle \xrightarrow{R(\theta_5')} R_5'|1\rangle + \sqrt{1 - R_5'^2}|0\rangle,$$

$$|1_{f_1}\rangle \xrightarrow{R(\theta_6')} R_6'|1\rangle + \sqrt{1 - R_6'^2}|0\rangle,$$

$$|0_{g_0}\rangle \xrightarrow{R(\theta_7')} R_7'|0\rangle + \sqrt{1 - R_7'^2}|1\rangle.$$

其中,

$$\theta_1' = \arccos R_1', \quad \theta_2' = \arccos R_2', \quad \theta_3' = \arccos R_3',$$

$$\theta_4' = \arcsin R_4' - \frac{\pi}{2}, \quad \theta_5' = \arcsin R_5' - \frac{\pi}{2},$$

$$\theta_6' = \arcsin R_6' - \frac{\pi}{2}, \quad \theta_7' = \arccos R_7'.$$

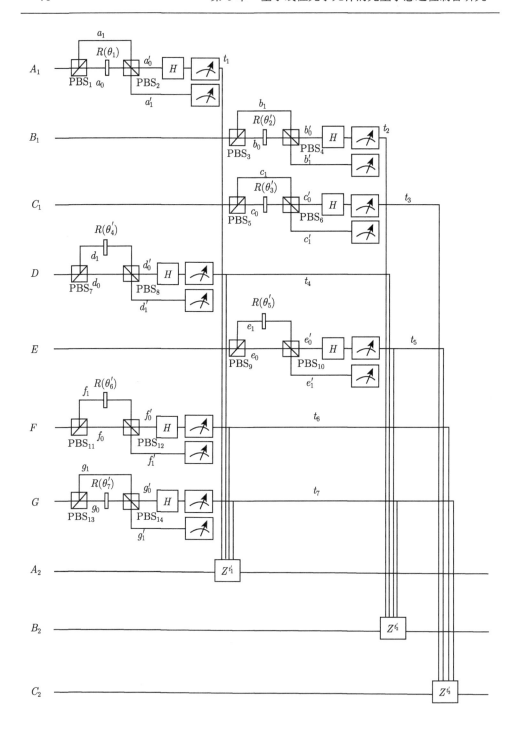

图 5.2　基于线性光学元件的任意三光子态联合制备路线

与双光子态联合制备类似, Alice 和 Bob 先将纠缠信道转化成目标信道, 再协助 Charlie 实现需制备量子态的制备. 为将纠缠信道 $|\Phi\rangle$ 转化成目标信道, 发送方让手中的纠缠光子穿过线性光学元件. 即 Alice 让纠缠光子 A_1, B_1, C_1 穿过极化分束器 PBS_1, PBS_2, PBS_3, Bob 让纠缠光子 D, E, F, G 穿过分束器 $PBS_4, PBS_5, PBS_6, PBS_7$. 光子 A_1, B_1, C_1, D, E, F, G 分别穿过极化分束器 $PBS_1, PBS_2, PBS_3, PBS_4, PBS_5, PBS_6, PBS_7$ 后, 粒子 $A_1, B_1, C_1, A_2, B_2, C_2, D, E, F, G$ 组成的复合系统状态转化为 $|\Phi_1'\rangle$:

$$
\begin{aligned}
|\Phi_1'\rangle = \frac{1}{2\sqrt{2}} \Big(& |0_{a_0}\rangle|0\rangle|0_{b_0}\rangle|0\rangle|0_{c_0}\rangle|0\rangle|0_{d_0}\rangle|0_{e_0}\rangle|0_{f_0}\rangle|0_{g_0}\rangle \\
& + |0_{a_0}\rangle|0\rangle|0_{b_0}\rangle|0\rangle|1_{c_1}\rangle|1\rangle|0_{d_0}\rangle|1_{e_1}\rangle|1_{f_1}\rangle|1_{g_1}\rangle \\
& + |0_{a_0}\rangle|0\rangle|1_{b_1}\rangle|1\rangle|0_{c_0}\rangle|0\rangle|1_{d_1}\rangle|1_{e_1}\rangle|0_{f_0}\rangle|1_{g_1}\rangle \\
& + |0_{a_0}\rangle|0\rangle|1_{b_1}\rangle|1\rangle|1_{c_1}\rangle|1\rangle|1_{d_1}\rangle|0_{e_0}\rangle|1_{f_1}\rangle|0_{g_0}\rangle \\
& + |1_{a_1}\rangle|1\rangle|0_{b_0}\rangle|0\rangle|0_{c_0}\rangle|0\rangle|1_{d_1}\rangle|0_{e_0}\rangle|1_{f_1}\rangle|1_{g_1}\rangle \\
& + |1_{a_1}\rangle|1\rangle|0_{b_0}\rangle|0\rangle|1_{c_1}\rangle|1\rangle|1_{d_1}\rangle|1_{e_1}\rangle|0_{f_0}\rangle|0_{g_0}\rangle \\
& + |1_{a_1}\rangle|1\rangle|1_{b_1}\rangle|1\rangle|0_{c_0}\rangle|0\rangle|0_{d_0}\rangle|1_{e_1}\rangle|1_{f_1}\rangle|0_{g_0}\rangle \\
& + |1_{a_1}\rangle|1\rangle|1_{b_1}\rangle|1\rangle|1_{c_1}\rangle|1\rangle|0_{d_0}\rangle|0_{e_0}\rangle|0_{f_0}\rangle|1_{g_1}\rangle \Big)_{A_1 A_2 B_1 B_2 C_1 C_2 DEFG},
\end{aligned}
$$

其中, $a_0, a_1, b_0, b_1, c_0, c_1, d_0, d_1, e_0, e_1, f_0, f_1, g_0, g_1$ 分别表示光子光子 A_1, B_1, C_1, D, E, F, G 的两个路径.

使用参数劈裂法转化量子纠缠信道, 发送方分别在路径 a_0, b_0, c_0, d_1, e_1, f_1, g_0 中放置玻片 $R(\theta_1'), R(\theta_2'), R(\theta_3'), R(\theta_4'), R(\theta_5'), R(\theta_6'), R(\theta_7')$. 所有粒子组成的复合系统状态由 $|\Phi_1'\rangle$ 转化为 $|\Phi_2'\rangle$ (未归一化):

$$
|\Phi_2'\rangle = \left(R_1'|0_{a_0}\rangle + \sqrt{1 - R_1'^2}|1_{a_0}\rangle \right)_{A_1} |0\rangle_{A_2}
$$

$$\times \left(R_2'|0_{b_0}\rangle + \sqrt{1 - R_2'^2}|1_{b_0}\rangle \right)_{B_1} |0\rangle_{B_2} \left(R_3'|0_{c_0}\rangle \right.$$

$$+ \left. \sqrt{1 - R_3'^2}|1_{c_0}\rangle \right)_{C_1} |0\rangle_{C_2}|0_{d_0}\rangle_D|0_{e_0}\rangle_E|0_{f_0}\rangle_F$$

$$\times \left(R_7'|0_{g_0}\rangle + \sqrt{1 - R_7'^2}|1_{g_0}\rangle \right)_G$$

$$+ \left(R_1'|0_{a_0}\rangle + \sqrt{1 - R_1'^2}|1_{a_0}\rangle \right)_{A_1} |0\rangle_{A_2}$$

$$\times \left(R_2'|0_{b_0}\rangle + \sqrt{1 - R_2'^2}|1_{b_0}\rangle \right)_{B_1} |0\rangle_{B_2}|1_{c_1}\rangle_{C_1}$$

$$\otimes |1\rangle_{C_2}|0_{d_0}\rangle_D \left(R_5'|1_{e_1}\rangle + \sqrt{1 - R_5'^2}|0_{e_1}\rangle \right)_E$$

$$\times \left(R_6'|1_{f_1}\rangle + \sqrt{1 - R_6'^2}|0_{f_1}\rangle \right)_F |1_{g_1}\rangle_G$$

$$+ \left(R_1'|0_{a_0}\rangle + \sqrt{1 - R_1'^2}|1_{a_0}\rangle \right)_{A_1} |0\rangle_{A_2}|1_{b_1}\rangle_{B_1}|1\rangle_{B_2}$$

$$\times \left(R_3'|0_{c_0}\rangle + \sqrt{1 - R_3'^2}|1_{c_0}\rangle \right)_{C_1}$$

$$\otimes |0\rangle_{C_2} \left(R_4'|1_{d_1}\rangle + \sqrt{1 - R_4'^2}|0_{d_1}\rangle \right)_D$$

$$\times \left(R_5'|1_{e_1}\rangle + \sqrt{1 - R_5'^2}|0_{e_1}\rangle \right)_E |0_{f_0}\rangle_F|1_{g_1}\rangle_G$$

$$+ \left(R_1'|0_{a_0}\rangle + \sqrt{1 - R_1'^2}|1_{a_0}\rangle \right)_{A_1} |0\rangle_{A_2}|1_{b_1}\rangle_{B_1}|1\rangle_{B_2}|1_{c_1}\rangle_{C_1}|1\rangle_{C_2}$$

$$\times \left(R_4'|1_{d_1}\rangle + \sqrt{1 - R_4'^2}|0_{d_1}\rangle \right)_D$$

$$\otimes |0_{e_0}\rangle_E \left(R_6'|1_{f_1}\rangle + \sqrt{1 - R_6'^2}|0_{f_1}\rangle \right)_F$$

$$\times \left(R_7'|0_{g_0}\rangle + \sqrt{1 - R_7'^2}|1_{g_0}\rangle \right)_G$$

$$+ |1_{a_1}\rangle_{A_1}|1\rangle_{A_2} \left(R_2'|0_{b_0}\rangle + \sqrt{1 - R_2'^2}|1_{b_0}\rangle \right)_{B_1} |0\rangle_{B_2}$$

$$\times \left(R_3'|0_{c_0}\rangle + \sqrt{1 - R_3'^2}|1_{c_0}\rangle \right)_{C_1}$$

$$\otimes |0\rangle_{C_2} \left(R_4'|1_{d_1}\rangle + \sqrt{1 - R_4'^2}|0_{d_1}\rangle \right)_D |0_{e_0}\rangle_E$$

$$\times \left(R_6'|1_{f_1}\rangle + \sqrt{1 - R_6'^2}|0_{f_1}\rangle \right)_F |1_{g_1}\rangle_G$$

$$+ |1_{a_1}\rangle_{A_1}|1\rangle_{A_2}\left(R_2'|0_{b_0}\rangle + \sqrt{1-R_2'^2}|1_{b_0}\rangle\right)_{B_1}|0\rangle_{B_2}|1_{c_1}\rangle_{C_1}|1\rangle_{C_2}$$

$$\times \left(R_4'|1_{d_1}\rangle + \sqrt{1-R_4'^2}|0_{d_1}\rangle\right)_D \left(R_5'|1_{e_1}\rangle + \sqrt{1-R_5'^2}|0_{e_1}\rangle\right)_E |0_{f_0}\rangle_F$$

$$\times \left(R_7'|0_{g_0}\rangle + \sqrt{1-R_7'^2}|1_{g_0}\rangle\right)_G$$

$$+ |1_{a_1}\rangle_{A_1}|1\rangle_{A_2}|1_{b_1}\rangle_{B_1}|1\rangle_{B_2}\left(R_3'|0_{c_0}\rangle + \sqrt{1-R_3'^2}|1_{c_0}\rangle\right)_{C_1}|0\rangle_{C_2}|0_{d_0}\rangle_D$$

$$\left(R_5'|1_{e_1}\rangle + \sqrt{1-R_5'^2}|0_{e_1}\rangle\right)_E \left(R_6'|1_{f_1}\rangle + \sqrt{1-R_6'^2}|0_{f_1}\rangle\right)_F$$

$$\left(R_7'|0_{g_0}\rangle + \sqrt{1-R_7'^2}|1_{g_0}\rangle\right)_G$$

$$+ |1_{a_1}\rangle_{A_1}|1\rangle_{A_2}|1_{b_1}\rangle_{B_1}|1\rangle_{B_2}|1_{c_1}\rangle_{C_1}|1\rangle_{C_2}|0_{d_0}\rangle_D|0_{e_0}\rangle_E|0_{f_0}\rangle_F|1_{g_1}\rangle_G.$$

与任意双光子态远程联合制备模型类似, 当光子 $A_1, B_1, C_1, D, E,$ F, G 分别经过极化分束器 $\text{PBS}_8, \text{PBS}_9, \text{PBS}_{10}, \text{PBS}_{11}, \text{PBS}_{12}, \text{PBS}_{13},$ PBS_{14} 后, 粒子 $A_1, B_1, C_1, A_2, B_2, C_2, D, E, F, G$ 组成的复合系统状态由 $|\Phi_2'\rangle$ 转化为 $|\Phi_3'\rangle$ (未归一化)

$$|\Phi_3'\rangle = \left(R_1'|0_{a_0'}\rangle + \sqrt{1-R_1'^2}|1_{a_1'}\rangle\right)_{A_1}|0\rangle_{A_2}$$

$$\times \left(R_2'|0_{b_0'}\rangle + \sqrt{1-R_2'^2}|1_{b_1'}\rangle\right)_{B_1}|0\rangle_{B_2}\left(R_3'|0_{c_0'}\rangle\right.$$

$$\left.+ \sqrt{1-R_3'^2}|1_{c_1'}\rangle\right)_{C_1}|0\rangle_{C_2}|0_{d_0'}\rangle_D|0_{e_0'}\rangle_E|0_{f_0'}\rangle_F$$

$$\times \left(R_7'|0_{g_0'}\rangle + \sqrt{1-R_7'^2}|1_{g_1'}\rangle\right)_G$$

$$+ \left(R_1'|0_{a_0'}\rangle + \sqrt{1-R_1'^2}|1_{a_1'}\rangle\right)_{A_1}|0\rangle_{A_2}$$

$$\times \left(R_2'|0_{b_0'}\rangle + \sqrt{1-R_2'^2}|1_{b_1'}\rangle\right)_{B_1}|0\rangle_{B_2}|1_{c_0'}\rangle_{C_1}$$

$$\otimes |1\rangle_{C_2}|0_{d_0'}\rangle_D\left(R_5'|1_{e_0'}\rangle + \sqrt{1-R_5'^2}|0_{e_1'}\rangle\right)_E\left(R_6'|1_{f_0'}\rangle\right.$$

$$\left.+ \sqrt{1-R_6'^2}|0_{f_1'}\rangle\right)_F|1_{g_0'}\rangle_G$$

$$+ \left(R_1'|0_{a_0'}\rangle + \sqrt{1-R_1'^2}|1_{a_1'}\rangle\right)_{A_1}|0\rangle_{A_2}|1_{b_0'}\rangle_{B_1}|1\rangle_{B_2}$$

$$\times \left(R_3' |0_{c_0'}\rangle + \sqrt{1 - R_3'^2} |1_{c_1'}\rangle \right)_{C_1}$$

$$\otimes |0\rangle_{C_2} \left(R_4' |1_{d_0'}\rangle + \sqrt{1 - R_4'^2} |0_{d_1'}\rangle \right)_D$$

$$\times \left(R_5' |1_{e_0'}\rangle + \sqrt{1 - R_5'^2} |0_{e_1'}\rangle \right)_E |0_{f_0'}\rangle_F |1_{g_0'}\rangle_G$$

$$+ \left(R_1' |0_{a_0'}\rangle + \sqrt{1 - R_1'^2} |1_{a_1'}\rangle \right)_{A_1} |0\rangle_{A_2} |1_{b_0'}\rangle_{B_1} |1\rangle_{B_2} |1_{c_0'}\rangle_{C_1} |1\rangle_{C_2}$$

$$\times \left(R_4' |1_{d_0'}\rangle + \sqrt{1 - R_4'^2} |0_{d_1'}\rangle \right)_D$$

$$\otimes |0_{e_0'}\rangle_E \left(R_6' |1_{f_0'}\rangle + \sqrt{1 - R_6'^2} |0_{f_1'}\rangle \right)_F$$

$$\times \left(R_7' |0_{g_0'}\rangle + \sqrt{1 - R_7'^2} |1_{g_1'}\rangle \right)_G$$

$$+ |1_{a_0'}\rangle_{A_1} |1\rangle_{A_2} \left(R_2' |0_{b_0'}\rangle + \sqrt{1 - R_2'^2} |1_{b_1'}\rangle \right)_{B_1} |0\rangle_{B_2}$$

$$\times \left(R_3' |0_{c_0'}\rangle + \sqrt{1 - R_3'^2} |1_{c_1'}\rangle \right)_{C_1}$$

$$\otimes |0\rangle_{C_2} \left(R_4' |1_{d_0'}\rangle + \sqrt{1 - R_4'^2} |0_{d_1'}\rangle \right)_D |0_{e_0'}\rangle_E$$

$$\times \left(R_6' |1_{f_0'}\rangle + \sqrt{1 - R_6'^2} |0_{f_1'}\rangle \right)_F |1_{g_0'}\rangle_G$$

$$+ |1_{a_0'}\rangle_{A_1} |1\rangle_{A_2} \left(R_2' |0_{b_0'}\rangle + \sqrt{1 - R_2'^2} |1_{b_1'}\rangle \right)_{B_1} |0\rangle_{B_2} |1_{c_0'}\rangle_{C_1} |1\rangle_{C_2}$$

$$\times \left(R_4' |1_{d_0'}\rangle + \sqrt{1 - R_4'^2} |0_{d_1'}\rangle \right)_D$$

$$\times \left(R_5' |1_{e_0'}\rangle + \sqrt{1 - R_5'^2} |0_{e_1'}\rangle \right)_E |0_{f_0'}\rangle_F$$

$$\times \left(R_7' |0_{g_0'}\rangle + \sqrt{1 - R_7'^2} |1_{g_1'}\rangle \right)_G$$

$$+ |1_{a_0'}\rangle_{A_1} |1\rangle_{A_2} |1_{b_0'}\rangle_{B_1} |1\rangle_{B_2}$$

$$\times \left(R_3' |0_{c_0'}\rangle + \sqrt{1 - R_3'^2} |1_{c_1'}\rangle \right)_{C_1} |0\rangle_{C_2} |0_{d_0'}\rangle_D$$

$$\times \left(R_5' |1_{e_0'}\rangle + \sqrt{1 - R_5'^2} |0_{e_1'}\rangle \right)_E \left(R_6' |1_{f_0'}\rangle + \sqrt{1 - R_6'^2} |0_{f_1'}\rangle \right)_F$$

$$\times \left(R_7' |0_{g_0'}\rangle + \sqrt{1 - R_7'^2} |1_{g_1'}\rangle \right)_G$$

$$+ |1_{a_0'}\rangle_{A_1}|1\rangle_{A_2}|1_{b_0'}\rangle_{B_1}|1\rangle_{B_2}|1_{c_0'}\rangle_{C_1}|1\rangle_{C_2}|0_{d_0'}\rangle_D|0_{e_0'}\rangle_E|0_{f_0'}\rangle_F|1_{g_0'}\rangle_G$$

$$= \frac{1}{\alpha_{111}}(\alpha_{000}|0000000_{a_0'b_0'c_0'd_0'e_0'f_0'g_0'}\rangle_{A_1B_1C_1DEFG}|000\rangle_{A_2B_2C_2}$$

$$+ \alpha_{001}|0010111_{a_0'b_0'c_0'd_0'e_0'f_0'g_0'}\rangle_{A_1B_1C_1DEFG}|001\rangle_{A_2B_2C_2}$$

$$+ \alpha_{010}|0101101_{a_0'b_0'c_0'd_0'e_0'f_0'g_0'}\rangle_{A_1B_1C_1DEFG}|010\rangle_{A_2B_2C_2}$$

$$+ \alpha_{011}|0111010_{a_0'b_0'c_0'd_0'e_0'f_0'g_0'}\rangle_{A_1B_1C_1DEFG}|011\rangle_{A_2B_2C_2}$$

$$+ \alpha_{100}|1001011_{a_0'b_0'c_0'd_0'e_0'f_0'g_0'}\rangle_{A_1B_1C_1DEFG}|100\rangle_{A_2B_2C_2}$$

$$+ \alpha_{101}|1011100_{a_0'b_0'c_0'd_0'e_0'f_0'g_0'}\rangle_{A_1B_1C_1DEFG}|101\rangle_{A_2B_2C_2}$$

$$+ \alpha_{110}|0000110_{a_0'b_0'c_0'd_0'e_0'f_0'g_0'}\rangle_{A_1B_1C_1DEFG}|110\rangle_{A_2B_2C_2}$$

$$+ \alpha_{111}|1110001_{a_0'b_0'c_0'd_0'e_0'f_0'g_0'}\rangle_{A_1B_1C_1DEFG}|111\rangle_{A_2B_2C_2} + \cdots.$$

式中, $\cdots$ 表示光子 $A_1, B_1, C_1, D, E, F, G$ 没有从路径模式 $a_0', b_0', c_0', d_0', e_0', f_0', g_0'$ 出射的状态. 与双光子态远程联合模式类似, 如果光子 $A_1, B_1, C_1,$ D, E, F, G 分别从路径 $a_0', b_0', c_0', d_0', e_0', f_0', g_0'$ 出射, 则量子态联合制备成功, 否则量子态联合制备失败.

如果光子 $A_1, B_1, C_1, D, E, F, G$ 分别从路径 $a_0', b_0', c_0', d_0', e_0', f_0', g_0'$ 出射, 复合系统量子态转化为 $|\Phi_s'\rangle$:

$$|\Phi_s'\rangle = \alpha_{000}|0000000_{a_0'b_0'c_0'd_0'e_0'f_0'g_0'}\rangle_{A_1B_1C_1DEFG}|000\rangle_{A_2B_2C_2}$$

$$+ \alpha_{001}|0010111_{a_0'b_0'c_0'd_0'e_0'f_0'g_0'}\rangle_{A_1B_1C_1DEFG}|001\rangle_{A_2B_2C_2}$$

$$+ \alpha_{010}|0101101_{a_0'b_0'c_0'd_0'e_0'f_0'g_0'}\rangle_{A_1B_1C_1DEFG}|010\rangle_{A_2B_2C_2}$$

$$+ \alpha_{011}|0111010_{a_0'b_0'c_0'd_0'e_0'f_0'g_0'}\rangle_{A_1B_1C_1DEFG}|011\rangle_{A_2B_2C_2}$$

$$+ \alpha_{100}|1001011_{a_0'b_0'c_0'd_0'e_0'f_0'g_0'}\rangle_{A_1B_1C_1DEFG}|100\rangle_{A_2B_2C_2}$$

$$+ \alpha_{101}|1011100_{a_0'b_0'c_0'd_0'e_0'f_0'g_0'}\rangle_{A_1B_1C_1DEFG}|101\rangle_{A_2B_2C_2}$$

$$+ \alpha_{110}|0000110_{a_0'b_0'c_0'd_0'e_0'f_0'g_0'}\rangle_{A_1B_1C_1DEFG}|110\rangle_{A_2B_2C_2}$$

$$+ \alpha_{111}|1110001_{a_0'b_0'c_0'd_0'e_0'f_0'g_0'}\rangle_{A_1B_1C_1DEFG}|111\rangle_{A_2B_2C_2}.$$

为实现光量子态远程联合制备, 发送方 Alice 和 Bob 分别对粒子 $A_1, B_1, C_1, D, E, F, G$ 执行单粒子 X 基测量. 复合系统状态可改写为 (未归一化)

$$\begin{aligned}|\Phi_s'\rangle &= \sum_{i_1,i_2,i_3=0}^{1} \alpha_{i_1i_2i_3}|i_1, i_2, i_3, i_1 \oplus i_2, i_2 \oplus i_3, i_1 \oplus i_3, i_1 \oplus i_2 \\ &\quad \oplus i_3, i_1, i_2, i_3\rangle_{A_1B_1C_1DEFGA_2B_2C_2} \\ &= \sum_{\substack{i_1,i_2,i_3,t_1,t_2 \\ t_3,t_4,t_5,t_6,t_7=0}}^{1} \alpha_{i_1i_2i_3}(-1)^{t_1'i_1}(-1)^{t_2'i_2}(-1)^{t_3'i_3}|t_{1x}\rangle_{A_1}|t_{2x}\rangle_{B_1} \\ &\quad \otimes |t_{3x}\rangle_{C_1}|t_{4x}\rangle_D|t_{5x}\rangle_E|t_{6x}\rangle_F|t_{7x}\rangle_G|i_1i_2i_3\rangle_{A_2B_2C_2},\end{aligned}$$

其中, $t_1' = t_1 + t_4 + t_6 + t_7, t_2' = t_2 + t_4 + t_5 + t_7, t_3' = t_3 + t_5 + t_6 + t_7$.

若 X 基测量结果为 $|t_{1x}\rangle_{A_1}, |t_{2x}\rangle_{B_1}, |t_{3x}\rangle_{C_1}, |t_{4x}\rangle_D, |t_{5x}\rangle_E, |t_{6x}\rangle_F, |t_{7x}\rangle_G$, 则粒子 A_2, B_2, C_2 处于状态 $|\psi\rangle_{A_2B_2C_2}$:

$$|\psi\rangle_{A_2B_2C_2} = \sum_{i_1,i_2,i_3=0}^{1} \alpha_{i_1i_2i_3}(-1)^{t_1'i_1}(-1)^{t_2'i_2}(-1)^{t_3'i_3}|i_1i_2i_3\rangle_{A_2B_2C_2}.$$

与双光子态联合制备类似, Charlie 分别对粒子 A_2, B_2, C_2 执行单粒子操作 $Z^{t_1'}, Z^{t_2'}, Z^{t_3'}$, 即可在粒子 A_2, B_2, C_2 上重建需制备量子态:

$$|\Psi\rangle_{A_2B_2C_2} = Z^{t_1'}Z^{t_2'}Z^{t_3'}|\psi\rangle_{A_2B_2C_2}.$$

如果光子 $A_1, B_1, C_1, D, E, F, G$ 分别从路径 $a_0', b_0', c_0', d_0', e_0', f_0', g_0'$ 出射, 则量子态联合制备成功, 否则量子态联合制备失败. 量子态联合制备的成功概率等于光子 $A_1, B_1, C_1, D, E, F, G$ 分别从路径 $a_0', b_0', c_0', d_0', e_0',$

f_0', g_0' 出射的概率. 由量子态 $|\Phi_3'\rangle$ 可计算基于线性光学元件的任意三光子态远程联合制备的成功概率为 $\dfrac{1}{8|\alpha_{111}|^2}$. 其中, $|\alpha_{111}|^2 = \max\{|\alpha_{i_1 i_2 i_3}|^2,$ $i_1, i_2, i_3 = 0, 1\}$.

如果光子 $A_1, B_1, C_1, D, E, F, G$ 没有从路径 $a_0', b_0', c_0', d_0', e_0', f_0', g_0'$ 出射, 量子态远程联合制备失败. 与双光子态远程联合制备类似, 发送方 Alice, Bob 并不需要将光子 $A_1, B_1, C_1, D, E, F, G$ 所有的路径信息全部传送给接收方, 只需要向接收方发送 1 比特经典信息来传送光子 $A_1, B_1, C_1, D, E, F, G$ 是否从路径 $a_0', b_0', c_0', d_0', e_0', f_0', g_0'$ 出射的信息. 因此为实现基于线性光学元件的任意三光子态远程联合制备, 通信方需要共享一个多光子纠缠态作为量子纠缠信道以及传送 8 比特的经典信息.

5.2 并行光量子态远程制备协议

量子系统具有多重自由度, 例如, 光子除了具有极化自由度之外, 还具有路径, 角动量等其他自由度. 量子系统多个自由度同时纠缠的量子纠缠态称为量子超纠缠态. 基于量子超纠缠态实现量子系统多个自由度量子态远程制备, 可以提高远程量子通信信道容量, 可以将这个过程称为并行远程量子态制备. 下面介绍基于双光子超纠缠态以及线性光学元件的并行远程量子态制备协议.

5.2.1 基于超纠缠态的并行光量子态远程制备模型

玻片 R_θ 可以旋转光子极化状态:

$$|H\rangle \to \cos\theta |H\rangle + \sin\theta |V\rangle,$$

$$|V\rangle \to -\sin\theta |H\rangle + \cos\theta |V\rangle,$$

其中, $|H\rangle$ 代表光子的水平极化状态, $|V\rangle$ 代表光子的垂直极化状态. 如图 5.3 所示, 非对称分束器 (unbalance beam splitter, UBS) 可以旋转入射光子的路径模式:

$$|a_0\rangle \rightarrow -\sin\frac{\omega}{2}|c_0\rangle + \cos\frac{\omega}{2}|c_1\rangle,$$

$$|a_1\rangle \rightarrow \cos\frac{\omega}{2}|c_0\rangle + \sin\frac{\omega}{2}|c_1\rangle,$$

其中, 玻片 ω 用于在路径 b_0 上增加 $\mathrm{e}^{\mathrm{i}\omega}$ 相位.

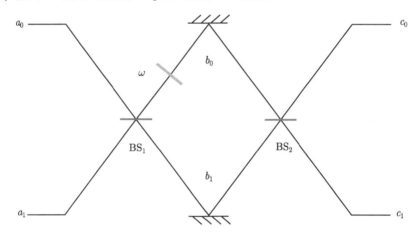

图 5.3   非对称分束器线路图

也就是说, 如果入射光子 A 处于路径模式 $|a_0\rangle$ 或者路径模式 $|a_1\rangle$, 光子穿过第一个分束器 BS_1 后, 路径状态转化为相应状态:

$$|a_0\rangle \xrightarrow{\mathrm{BS}_1} \mathrm{i}|b_0\rangle + |b_1\rangle,$$

$$|a_1\rangle \xrightarrow{\mathrm{BS}_1} |b_0\rangle + \mathrm{i}|b_1\rangle,$$

式中, b_0, b_1 表示分束器 BS_1 的两个出射模式. 玻片 ω 在路径 b_0 上增加 $\mathrm{e}^{\mathrm{i}\omega}$ 相位:

$$\mathrm{i}|b_0\rangle + |b_1\rangle \xrightarrow{\omega} \mathrm{i}\mathrm{e}^{\mathrm{i}\omega}|b_0\rangle + |b_1\rangle,$$

$$|b_0\rangle + \mathrm{i}|b_1\rangle \xrightarrow{\omega} |b_0\rangle + \mathrm{i}\mathrm{e}^{\mathrm{i}\omega}|b_1\rangle.$$

光子穿过第二个分束器 BS_2 后, 路径状态转化为相应状态 (忽略整体相位):

$$\mathrm{i}|b_0\rangle + |b_1\rangle \xrightarrow{BS_2} \mathrm{i}\mathrm{e}^{\mathrm{i}\omega}(\mathrm{i}|c_0\rangle + |c_1\rangle) + (|c_0\rangle + \mathrm{i}\mathrm{e}^{\mathrm{i}\omega}|c_1\rangle)$$

$$= -\sin\frac{\omega}{2}|c_0\rangle + \cos\frac{\omega}{2}|c_1\rangle,$$

$$|b_0\rangle + \mathrm{i}|b_1\rangle \xrightarrow{BS_2} (\mathrm{i}|c_0\rangle + |c_1\rangle) + \mathrm{i}\mathrm{e}^{\mathrm{i}\omega}(|c_0\rangle + \mathrm{i}\mathrm{e}^{\mathrm{i}\omega}|c_1\rangle)$$

$$= \cos\frac{\omega}{2}|c_0\rangle + \sin\frac{\omega}{2}|c_1\rangle,$$

其中, c_0, c_1 表示分束器 BS_2 的两个出射模式.

为实现路径量子比特态和极化量子比特态的并行远程制备, 发送方 Alice 与接收方 Bob 共享一个双光子四量子比特超纠缠 Bell 态.

$$|\Psi\rangle = \frac{1}{2}(|HH\rangle + |VV\rangle)_{AB} \otimes (|a_0 b_0\rangle + |a_1 b_1\rangle)_{AB},$$

其中, 发送方 Alice 拥有光子 A, 接收方 Bob 拥有光子 B. $|a_0\rangle, |a_1\rangle$ 表示光子 A 的两个路径模式, $|b_0\rangle, |b_1\rangle$ 表示光子 B 的两个路径模式.

需制备的路径量子比特和极化量子比特态 $|\varphi\rangle$ 可表示为

$$|\varphi\rangle = (\alpha_0|H\rangle + \alpha_1|V\rangle) \otimes (\beta_0|c_0\rangle + \beta_1|c_1\rangle),$$

发送方 Alice 完全已知量子态系数 $\alpha_0, \alpha_1, \beta_0, \beta_1$, 而接收方 Bob 完全未知需制备量子态信息.

为实现路径自由度和极化自由度任意单量子态的并行远程制备, 发送方依据先已知需制备量子态信息操控极化纠缠态, 然后对超纠缠态的路径纠缠态进行操控. 接收方通过执行与发送方测量结果相应的局域幺正操作完成量子态并行制备.

超纠缠态极化纠缠态操控原理如图 5.4 所示. 发送方依据已知需制备量子态信息使用线性光学元件对超纠缠态极化自由度执行相应的局域幺正操作. 即在光子 A 穿过极化分束器 PBS_1 和 PBS_2 后, 光子 A, B 状态由状态 $|\Psi\rangle$ 转化为状态 $|\Psi_1\rangle$.

$$|\Psi_1\rangle = \frac{1}{2}(|HH\rangle|d_0 b_0\rangle + |HH\rangle|e_0 b_1\rangle + |VV\rangle|d_1 b_0\rangle + |VV\rangle|e_1 b_1\rangle).$$

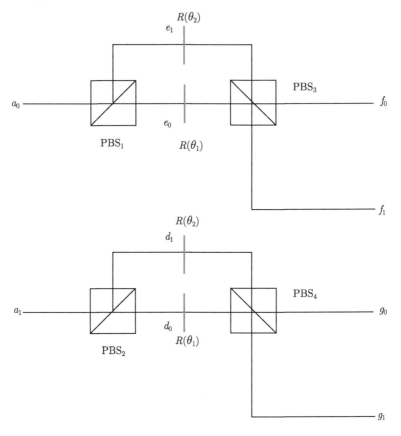

图 5.4　超纠缠态极化纠缠态操作原理图

路径 d_0, d_1, e_0, e_1 中的玻片 $R(\theta_1), R(\theta_2)$ 将光子 A 的极化状态转化为相应的状态:

$$|H\rangle_{d_0} \xrightarrow{R(\theta_1)} \alpha_0|H\rangle + \alpha_1|V\rangle,$$

$$|H\rangle_{e_0} \xrightarrow{R(\theta_1)} \alpha_0|H\rangle + \alpha_1|V\rangle,$$

$$|V\rangle_{d_1} \xrightarrow{R(\theta_2)} \alpha_0|H\rangle + \alpha_1|V\rangle,$$

$$|V\rangle_{e_1} \xrightarrow{R(\theta_2)} \alpha_0|H\rangle + \alpha_1|V\rangle,$$

式中, $\theta_1 = \arccos\alpha_0, \theta_2 = \arccos\alpha_0 - \dfrac{\pi}{2}$.

光子 A, B 穿过玻片 $R(\theta_1), R(\theta_2)$ 后, 状态由 $|\Psi_1\rangle$ 转化为 $|\Psi_2\rangle$(未归一化):

$$|\Psi_2\rangle = \Big(\alpha_0|H\rangle + \alpha_1|V\rangle\Big)|H\rangle|d_0 b_0\rangle + \Big(\alpha_0|H\rangle + \alpha_1|V\rangle\Big)|H\rangle|e_0 b_1\rangle$$
$$+ \Big(\alpha_0|H\rangle + \alpha_1|V\rangle\Big)|V\rangle|d_1 b_0\rangle + \Big(\alpha_0|H\rangle + \alpha_1|V\rangle\Big)|V\rangle|e_1 b_1\rangle.$$

接下来再使由路径 d_0, d_1, e_0, e_1 出射的光子 A 进入极化分束器 PBS$_3$, PBS$_4$. 复合系统状态由状态 $|\Psi_2\rangle$ 转化为状态 $|\Psi_3\rangle$(忽略整体相位):

$$|\Psi_3\rangle = (\alpha_0|HH\rangle + \alpha_1|VV\rangle)(|f_0 b_0\rangle + |g_0 b_1\rangle)$$
$$+ (\alpha_0|HV\rangle + \alpha_1|VH\rangle)(|f_1 b_0\rangle + |g_1 b_1\rangle),$$

式中, f_0, f_1 表示极化分束器 PBS$_3$ 的两个输出模式; g_0, g_1 表示极化分束器 PBS$_4$ 的两个输出模式.

超纠缠态路径纠缠态操控线路原理如图 5.5 所示. 依据已知需制备量子态信息, 发送方 Alice 先使用非对称分束器对超纠缠态的路径纠缠态进行操控, 再对她手中的超纠缠光子 A 执行单粒子测量. 接收方通过执行局域幺正演化就可完成量子态的制备. 非对称分束器中玻片 ω 用于在两个路径模式之间增加相位差. 非对称分束器的反射系数以及投射系数由玻片调节.

为实现单量子态的并行远程制备, Alice 让纠缠光子穿过线性光学元件. 即 Alice 让处于路径模式 f_0, g_0, f_1, g_1 的光子 A 穿过分束器 BS$_1$, BS$_2$

以及玻片. 由粒子 A, B 组成的复合系统状态由 $|\Psi_3\rangle$ 转化为 $|\Phi_1\rangle$:

$$|\Phi_1\rangle = (\alpha_0|HH\rangle + \alpha_1|VV\rangle)\left[(\mathrm{i}\mathrm{e}^{\mathrm{i}\omega}|h_0\rangle + |h_1\rangle)|b_0\rangle + (\mathrm{e}^{\mathrm{i}\omega}|h_0\rangle + \mathrm{i}|h_1\rangle)|b_1\rangle\right]$$

$$+ (\alpha_0|HV\rangle + \alpha_1|VH\rangle)\left[(\mathrm{i}\mathrm{e}^{\mathrm{i}\omega}|k_0\rangle + |k_1\rangle)|b_0\rangle + (\mathrm{e}^{\mathrm{i}\omega}|k_0\rangle + \mathrm{i}|k_1\rangle)|b_1\rangle\right],$$

式中, h_0, h_1 表示分束器 BS_1 的两个路径模式, k_0, k_1 表示分束器 BS_2 的两个路径模式, $\omega = 2\arccos\beta_0$.

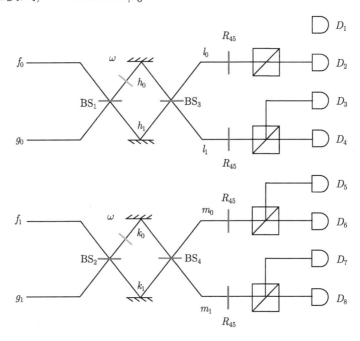

图 5.5   超纠缠态路径纠缠态操控线路原理图

光子 A 穿过分束器 $\mathrm{BS}_3, \mathrm{BS}_4$ 后, 复合系统状态转化为

$$|\Phi_2\rangle = (\alpha_0|HH\rangle + \alpha_1|VV\rangle)\left[(-\beta_1|l_0\rangle + \beta_0|l_1\rangle)|b_0\rangle + (\beta_0|l_0\rangle + \beta_1|l_1\rangle)|b_1\rangle\right]$$

$$+ (\alpha_0|HV\rangle + \alpha_1|VH\rangle)\left[(-\beta_1|m_0\rangle + \beta_0|m_1\rangle)|b_0\rangle\right.$$

$$\left. + (\beta_0|m_0\rangle + \beta_1|m_1\rangle)|b_1\rangle\right].$$

为实现量子态并行制备, Alice 让光子 A 穿过玻片. 当处于路径模式

l_0, l_1, m_0, m_1 中的光子 A 穿过玻片 R_{45} 后, 光子 A, B 所组成的复合系统状态转化为

$$
\begin{aligned}
|\Phi_3\rangle = {} & |H\rangle_A(\alpha_0|H\rangle + \alpha_1|V\rangle)_B \otimes [|l_0\rangle_A(-\beta_1|b_0\rangle + \beta_0|b_1\rangle)_B \\
& + |l_1\rangle_A(\beta_0|b_0\rangle + \beta_1|b_1\rangle)_B] \\
& + |V\rangle_A(\alpha_0|H\rangle - \alpha_1|V\rangle)_B \otimes [|l_0\rangle_A(-\beta_1|b_0\rangle + \beta_0|b_1\rangle)_B \\
& + |l_1\rangle_A(\beta_0|b_0\rangle + \beta_1|b_1\rangle)_B] \\
& + |H\rangle_A(\alpha_0|V\rangle + \alpha_1|H\rangle)_B \otimes [|m_0\rangle_A(-\beta_1|b_0\rangle + \beta_0|b_1\rangle)_B \\
& + |m_1\rangle_A(\beta_0|b_0\rangle + \beta_1|b_1\rangle)_B] \\
& + |V\rangle_A(\alpha_0|V\rangle - \alpha_1|H\rangle)_B \otimes [|m_0\rangle_A(-\beta_1|b_0\rangle + \beta_0|b_1\rangle)_B \\
& + |m_1\rangle_A(\beta_0|b_0\rangle + \beta_1|b_1\rangle)_B].
\end{aligned}
$$

当 Alice 单粒子测量结果分别为 $|H\rangle|l_0\rangle, |H\rangle|l_1\rangle, |V\rangle|l_0\rangle, |V\rangle|l_1\rangle,$ $|H\rangle|m_0\rangle, |H\rangle|m_1\rangle, |V\rangle|m_0\rangle, |V\rangle|m_1\rangle$ 时, 光子 B 坍缩到相应状态 $(\alpha_0|H\rangle + \alpha_1|V\rangle)(-\beta_1|b_0\rangle + \beta_0|b_1\rangle), (\alpha_0|H\rangle + \alpha_1|V\rangle)(\beta_0|b_0\rangle + \beta_1|b_1\rangle), (\alpha_0|H\rangle - \alpha_1|V\rangle) \otimes (-\beta_1|b_0\rangle + \beta_0|b_1\rangle), (\alpha_0|H\rangle - \alpha_1|V\rangle)(\beta_0|b_0\rangle + \beta_1|b_1\rangle), (\alpha_0|V\rangle + \alpha_1|H\rangle) \otimes (-\beta_1|b_0\rangle + \beta_0|b_1\rangle), (\alpha_0|V\rangle + \alpha_1|H\rangle)(\beta_0|b_0\rangle + \beta_1|b_1\rangle), (\alpha_0|V\rangle - \alpha_1|H\rangle) \otimes (-\beta_1|b_0\rangle + \beta_0|b_1\rangle), (\alpha_0|V\rangle - \alpha_1|H\rangle)(\beta_0|b_0\rangle + \beta_1|b_1\rangle).$ 接收方 Bob 执行相应的局域幺正操作 $I^P \otimes i\sigma_y^S, I^P \otimes I^S, \sigma_z^P \otimes i\sigma_y^S, \sigma_z^P \otimes I^S, \sigma_z^P \otimes i\sigma_y^S, \sigma_z^P \otimes I^S,$ $\sigma_x^P \otimes i\sigma_y^S, \sigma_x^P \otimes I^S$ 即可在粒子 B 上重建原来量子态. 其中,

$$
I^P = |H\rangle\langle H| + |V\rangle\langle V|, \quad \sigma_z^P = |H\rangle\langle H| - |b_1\rangle\langle b_1|,
$$

$$
\sigma_x^P = |H\rangle\langle V| + |V\rangle\langle H|, \quad i\sigma_y^P = |H\rangle\langle V| - |V\rangle\langle H|,
$$

$$
I^S = |b_0\rangle\langle b_0| + |b_1\rangle\langle b_1|, \quad \sigma_z^S = |b_0\rangle\langle b_0| - |b_1\rangle\langle b_1|,
$$

$$
\sigma_x^S = |b_0\rangle\langle b_1| + |b_1\rangle\langle b_0|, \quad i\sigma_y^S = |b_0\rangle\langle b_1| - |b_1\rangle\langle b_0|.
$$

5.2.2　基于部分超纠缠态的并行量子态远程制备方案

下面讨论基于双光子部分超纠缠 Bell 态仅需使用线性光学元件的单量子比特态并行远程制备模型. 与单量子态远程制备模型类似, 量子态并行远程制备模型中, 发送方已知需制备量子态信息, 协助远方接收方实现量子态制备.

为实现单量子比特态并行远程制备, 通信方共享一个双光子四量子比特部分超纠缠 Bell 态. 建立信道后, 依据已知需制备量子态信息依据部分超纠缠 Bell 态信息, 发送方对手中的纠缠光子执行相应的量子操作将超纠缠信道转化为目标信道. 接收方与发送方合作, 依据发送方的测量结果选择相应的量子操作重建原来量子态.

与基于超纠缠 Bell 态的并行量子态远程制备类似, 路径自由度和极化自由度任意单量子比特态可表示为

$$|\varphi\rangle = (\alpha_0|H\rangle + \alpha_1|V\rangle) \otimes (\beta_0|c_0\rangle + \beta_1|c_1\rangle),$$

发送方 Alice 完全已知系数 $\alpha_0, \alpha_1, \beta_0, \beta_1$ 信息.

通信方共享的双光子四量子比特超纠缠态是双光子四量子比特部分超纠缠 Bell 态.

$$|\psi\rangle = (\gamma_0|HH\rangle + \gamma_1|VV\rangle)_{AB} \otimes (\delta_0|a_0b_0\rangle + \delta_1|a_1b_1\rangle)_{AB},$$

其中,

$$|\gamma_0|^2 + |\gamma_1|^2 = 1, \quad |\delta_0|^2 + |\delta_1|^2 = 1.$$

为实现任意单量子比特态 $|\varphi\rangle$ 的并行远程制备, Alice 依据量子态 $|\varphi\rangle$ 信息以及量子信道 $|\psi\rangle$ 信息, 通过对光子对极化纠缠以及路径纠缠执行相应的操控将量子纠缠信道转化为目标信道. 与发送方合作, 接收方 Bob

可在他的纠缠光子 B 重建需制备量子态.

极化纠缠操控线路图如图 5.6 所示. Alice 依据量子态 $|\varphi\rangle$ 信息以及量子信道 $|\psi\rangle$ 信息对她的超纠缠光子 A 执行相应的幺正操作. 在光子 A 经过极化分束器 PBS_1, PBS_2 后, 由光子 A, B 所组成的复合系统状态由 $|\psi\rangle$ 转化为 $|\psi\rangle_1$:

$$|\psi\rangle_1 = \gamma_0\delta_0|HH\rangle|d_0b_0\rangle + \gamma_0\delta_1|HH\rangle|e_0b_1\rangle + \gamma_1\delta_0|VV\rangle|d_1b_0\rangle + \gamma_1\delta_1|VV\rangle|e_1b_1\rangle.$$

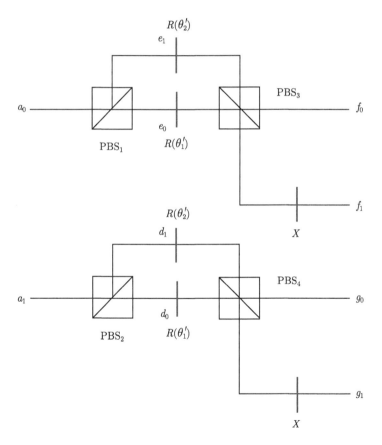

图 5.6　部分超纠缠 Bell 态极化纠缠操控线路图

与基于超纠缠 Bell 态并行量子态远程制备方案类似, 路径 d_0, d_1, e_0, e_1

中的玻片 $R(\theta_1')$, $R(\theta_2')$ 将光子 A 的极化状态转化为相应的状态：

$$|H\rangle_{d_0} \xrightarrow{R(\theta_1')} \frac{\dfrac{\alpha_0}{\gamma_0}}{\sqrt{\left(\dfrac{\alpha_0}{\gamma_0}\right)^2 + \left(\dfrac{\alpha_1}{\gamma_1}\right)^2}}|H\rangle + \frac{\dfrac{\alpha_1}{\gamma_1}}{\sqrt{\left(\dfrac{\alpha_0}{\gamma_0}\right)^2 + \left(\dfrac{\alpha_1}{\gamma_1}\right)^2}}|V\rangle,$$

$$|H\rangle_{e_0} \xrightarrow{R(\theta_1')} \frac{\dfrac{\alpha_0}{\gamma_0}}{\sqrt{\left(\dfrac{\alpha_0}{\gamma_0}\right)^2 + \left(\dfrac{\alpha_1}{\gamma_1}\right)^2}}|H\rangle + \frac{\dfrac{\alpha_1}{\gamma_1}}{\sqrt{\left(\dfrac{\alpha_0}{\gamma_0}\right)^2 + \left(\dfrac{\alpha_1}{\gamma_1}\right)^2}}|V\rangle,$$

$$|V\rangle_{d_1} \xrightarrow{R(\theta_2')} \frac{\dfrac{\alpha_0}{\gamma_0}}{\sqrt{\left(\dfrac{\alpha_0}{\gamma_0}\right)^2 + \left(\dfrac{\alpha_1}{\gamma_1}\right)^2}}|H\rangle + \frac{\dfrac{\alpha_1}{\gamma_1}}{\sqrt{\left(\dfrac{\alpha_0}{\gamma_0}\right)^2 + \left(\dfrac{\alpha_1}{\gamma_1}\right)^2}}|V\rangle,$$

$$|V\rangle_{e_1} \xrightarrow{R(\theta_2')} \frac{\dfrac{\alpha_0}{\gamma_0}}{\sqrt{\left(\dfrac{\alpha_0}{\gamma_0}\right)^2 + \left(\dfrac{\alpha_1}{\gamma_1}\right)^2}}|H\rangle + \frac{\dfrac{\alpha_1}{\gamma_1}}{\sqrt{\left(\dfrac{\alpha_0}{\gamma_0}\right)^2 + \left(\dfrac{\alpha_1}{\gamma_1}\right)^2}}|V\rangle,$$

其中，

$$\theta_1' = \arccos \frac{\dfrac{\alpha_0}{\gamma_0}}{\sqrt{\left(\dfrac{\alpha_0}{\gamma_0}\right)^2 + \left(\dfrac{\alpha_1}{\gamma_1}\right)^2}}, \quad \theta_2' = \arccos \frac{\dfrac{\alpha_0}{\gamma_0}}{\sqrt{\left(\dfrac{\alpha_0}{\gamma_0}\right)^2 + \left(\dfrac{\alpha_1}{\gamma_1}\right)^2}} - \frac{\pi}{2}.$$

光子 A 穿过玻片 $R(\theta_1')$, $R(\theta_2')$ 后，光子 A, B 组成的复合系统状态由状态 $|\psi\rangle_1$ 转化为状态 $|\psi\rangle_2$：

$$|\psi\rangle_2 = \gamma_0 \left(\frac{\dfrac{\alpha_0}{\gamma_0}}{\sqrt{\left(\dfrac{\alpha_0}{\gamma_0}\right)^2 + \left(\dfrac{\alpha_1}{\gamma_1}\right)^2}}|H\rangle + \frac{\dfrac{\alpha_1}{\gamma_1}}{\sqrt{\left(\dfrac{\alpha_0}{\gamma_0}\right)^2 + \left(\dfrac{\alpha_1}{\gamma_1}\right)^2}}|V\rangle \right)$$
$$\otimes |H\rangle \delta_0 |d_0\rangle |b_0\rangle$$

$$+ \gamma_1 \left(\frac{\frac{\alpha_0}{\gamma_0}}{\sqrt{\left(\frac{\alpha_0}{\gamma_0}\right)^2 + \left(\frac{\alpha_1}{\gamma_1}\right)^2}} |H\rangle + \frac{\frac{\alpha_1}{\gamma_1}}{\sqrt{\left(\frac{\alpha_0}{\gamma_0}\right)^2 + \left(\frac{\alpha_1}{\gamma_1}\right)^2}} |V\rangle \right)$$

$$\otimes |V\rangle \delta_0 |d_1\rangle |b_0\rangle$$

$$+ \gamma_0 \left(\frac{\frac{\alpha_0}{\gamma_0}}{\sqrt{\left(\frac{\alpha_0}{\gamma_0}\right)^2 + \left(\frac{\alpha_1}{\gamma_1}\right)^2}} |H\rangle + \frac{\frac{\alpha_1}{\gamma_1}}{\sqrt{\left(\frac{\alpha_0}{\gamma_0}\right)^2 + \left(\frac{\alpha_1}{\gamma_1}\right)^2}} |V\rangle \right)$$

$$\otimes |H\rangle \delta_1 |e_0\rangle |b_1\rangle$$

$$+ \gamma_1 \left(\frac{\frac{\alpha_0}{\gamma_0}}{\sqrt{\left(\frac{\alpha_0}{\gamma_0}\right)^2 + \left(\frac{\alpha_1}{\gamma_1}\right)^2}} |H\rangle + \frac{\frac{\alpha_1}{\gamma_1}}{\sqrt{\left(\frac{\alpha_0}{\gamma_0}\right)^2 + \left(\frac{\alpha_1}{\gamma_1}\right)^2}} |V\rangle \right)$$

$$\otimes |V\rangle \delta_0 |e_1\rangle |b_1\rangle.$$

光子 A 穿过极化分束器 PBS_3, PBS_4 后, 复合系统状态由状态 $|\psi\rangle_2$ 转化为 $|\psi\rangle_3$:

$$|\psi\rangle_3 = \frac{1}{\sqrt{\left(\frac{\alpha_0}{\gamma_0}\right)^2 + \left(\frac{\alpha_1}{\gamma_1}\right)^2}} (\alpha_0 |HH\rangle + \alpha_1 |VV\rangle) \otimes (\delta_0 |f_0 b_0\rangle + \delta_1 |g_0 b_1\rangle)$$

$$+ \frac{1}{\sqrt{\left(\frac{\alpha_0}{\gamma_0}\right)^2 + \left(\frac{\alpha_1}{\gamma_1}\right)^2}} \left(\frac{\gamma_1}{\gamma_0} \alpha_0 |HV\rangle + \frac{\gamma_0}{\gamma_1} \alpha_1 |VH\rangle \right)$$

$$\otimes (\delta_0 |f_1 b_0\rangle + \delta_1 |g_1 b_1\rangle).$$

经过极化分束器后, 如果光子 A 在路径 f_0, g_0 中, 则极化纠缠态转化成功. 成功概率为 $P_1 = \dfrac{1}{\left(\frac{\alpha_0}{\gamma_0}\right)^2 + \left(\frac{\alpha_1}{\gamma_1}\right)^2}$. 当光子 A 从路径 f_0, g_0 出

射时, 光子 A, B 组成的复合系统状态由 $|\psi\rangle_3$ 转化为 $|\psi\rangle_S$:

$$|\psi\rangle_S = (\alpha_0|HH\rangle + \alpha_1|VV\rangle) \otimes (\delta_0|f_0b_0\rangle + \delta_1|g_0b_1\rangle).$$

　　完成部分超纠缠信道极化纠缠转化后, Alice 依据需制备量子态信息以及纠缠信息操控纠缠信道的路径纠缠态. 部分超纠缠 Bell 态路径纠缠态操控线路原理图如图 5.7 所示. 当光子 A 由路径 f_1', g_1' 出射时, 路径纠缠态转化为目标态. 如图 5.7 所示, Alice 对路径模式 f_0, g_0 执行相同的局域幺正演化. 玻片 ω_1, ω_2 用于设置非对称分束器透射和反射系数.

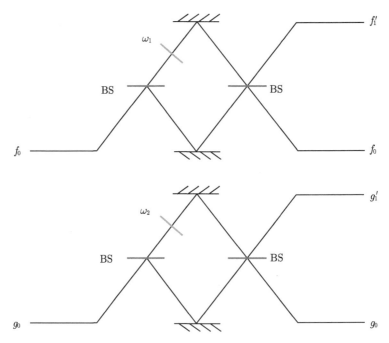

图 5.7　部分超纠缠 Bell 态极化纠缠态操控线路原理图

$$|f_0\rangle \longrightarrow \frac{\dfrac{\beta_0}{\delta_0}}{\sqrt{\left(\dfrac{\beta_0}{\delta_0}\right)^2 + \left(\dfrac{\beta_1}{\delta_1}\right)^2}}|f_1'\rangle + \frac{\dfrac{\beta_1}{\delta_1}}{\sqrt{\left(\dfrac{\beta_0}{\delta_0}\right)^2 + \left(\dfrac{\beta_1}{\delta_1}\right)^2}}|f_0\rangle,$$

$$|g_0\rangle \longrightarrow \frac{\dfrac{\beta_1}{\delta_1}}{\sqrt{\left(\dfrac{\beta_0}{\delta_0}\right)^2 + \left(\dfrac{\beta_1}{\delta_1}\right)^2}}|g_1'\rangle + \frac{\dfrac{\beta_0}{\delta_0}}{\sqrt{\left(\dfrac{\beta_0}{\delta_0}\right)^2 + \left(\dfrac{\beta_1}{\delta_1}\right)^2}}|g_0\rangle,$$

且

$$\omega_1 = 2\arccos\frac{\dfrac{\beta_0}{\delta_0}}{\sqrt{\left(\dfrac{\beta_0}{\delta_0}\right)^2 + \left(\dfrac{\beta_1}{\delta_1}\right)^2}}, \quad \omega_2 = 2\arccos\frac{\dfrac{\beta_1}{\delta_1}}{\sqrt{\left(\dfrac{\beta_0}{\delta_0}\right)^2 + \left(\dfrac{\beta_1}{\delta_1}\right)^2}}.$$

光子 A 穿过非对称分束器后, 光子 A, B 组成的复合系统状态由状态 $|\psi\rangle_S$ 转化为 $|\phi\rangle_1$.

$$|\phi\rangle_1 = (\alpha_0|HH\rangle + \alpha_1|VV\rangle) \otimes \left[\frac{1}{\sqrt{\left(\dfrac{\beta_0}{\delta_0}\right)^2 + \left(\dfrac{\beta_1}{\delta_1}\right)^2}}(\beta_0|f_1'b_0\rangle + \beta_1|g_1'b_1\rangle) \right.$$

$$\left. + \left(\frac{\dfrac{\beta_1}{\delta_1}\delta_0}{\sqrt{\left(\dfrac{\beta_0}{\delta_0}\right)^2 + \left(\dfrac{\beta_1}{\delta_1}\right)^2}}|f_0b_0\rangle + \frac{\dfrac{\beta_0}{\delta_0}\delta_1}{\sqrt{\left(\dfrac{\beta_0}{\delta_0}\right)^2 + \left(\dfrac{\beta_1}{\delta_1}\right)^2}}|g_0b_1\rangle \right) \right].$$

如果光子 A 由路径 f_1', g_1' 出射, 则对超纠缠信道路径纠缠态转化成功, 这一轮转化的成功概率为 $P_2 = \dfrac{1}{\left(\dfrac{\beta_0}{\delta_0}\right)^2 + \left(\dfrac{\beta_1}{\delta_1}\right)^2}$. 复合系统状态转化为 $|\phi\rangle_S$.

$$|\phi\rangle_S = (\alpha_0|HH\rangle + \alpha_1|VV\rangle) \otimes (\beta_0|f_1'b_0\rangle + \beta_1|g_1'b_1\rangle).$$

将量子纠缠信道 $|\psi\rangle$ 转化为目标信道 $|\phi\rangle_S$ 后, Alice 对光子 A 的极化状态和路径状态执行 X 基测量. 如图 5.8 所示, 路径自由度中的

Hardamard 门操作可由 50:50 的分束器完成, 玻片 R_{45} 用于实现极化自由度中的 Hardamard 门操作. 也就是说, 光子 A 穿过分束器后, 复合系统状态由 $|\phi\rangle_S$ 转化为 $|\phi\rangle_2$.

$$|\phi\rangle_2 = (\alpha_0|HH\rangle + \alpha_1|VV\rangle) \otimes [|h_0\rangle(\beta_0|b_0\rangle + \beta_1|b_1\rangle)$$
$$+ |h_1\rangle(\beta_0|b_0\rangle - \beta_1|b_1\rangle)].$$

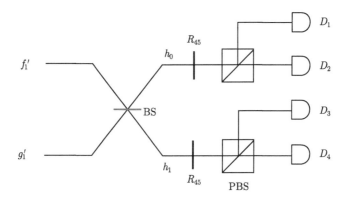

图 5.8　对纠缠光子 A 执行路径和极化自由度 X 基测量线路图

为完成量子态远程制备, 在路径模式 h_0, h_1 中, 光子 A 穿过玻片 R_{45}. 穿过玻片 R_{45} 后, 复合系统状态转化为

$$|\phi\rangle_3 = [|H\rangle(\alpha_0|H\rangle + \alpha_1|V\rangle) + |V\rangle(\alpha_0|H\rangle - \alpha_1|V\rangle)]$$
$$\otimes [|h_0\rangle(\beta_0|b_0\rangle + \beta_1|b_1\rangle) + |h_1\rangle(\beta_0|b_0\rangle - \beta_1|b_1\rangle)].$$

与超纠缠 Bell 态下的量子态远程制备类似, 当 Alice 测量结果分别为 $|H\rangle|h_0\rangle, |H\rangle|h_1\rangle, |V\rangle|h_0\rangle, |V\rangle|h_1\rangle$ 时, 光子 B 处于状态 $(\alpha_0|H\rangle + \alpha_1|V\rangle) \otimes (\beta_0|b_0\rangle + \beta_1|b_1\rangle)$, $(\alpha_0|H\rangle + \alpha_1|V\rangle)(\beta_0|b_0\rangle - \beta_1|b_1\rangle)$, $(\alpha_0|H\rangle - \alpha_1|V\rangle)(\beta_0|b_0\rangle + \beta_1|b_1\rangle)$, $(\alpha_0|H\rangle - \alpha_1|V\rangle)(\beta_0|b_0\rangle - \beta_1|b_1\rangle)$. 局域幺正操作 $I^P \otimes I^S, I^P \otimes \sigma_x^S, \sigma_x^P \otimes I^S, \sigma_x^P \otimes \sigma_x^S$ 可将光子 B 状态转化为需制备量子态 $|\phi\rangle$.

当 Alice 对超纠缠信道极化纠缠态转化时, 如果光子 A 没有从路径 f_0, g_0 出射, 则光子 A, B 组成的复合系统状态从 $|\psi\rangle_3$ 转化为 $|\psi\rangle_R$:

$$|\psi\rangle_R = (\gamma_0'|VH\rangle + \gamma_1'|HV\rangle) \otimes (\delta_0|f_0 b_0\rangle + \delta_1|g_0 b_1\rangle),$$

其中,

$$\gamma_0' = \frac{\dfrac{\gamma_0}{\gamma_1}\alpha_1}{\sqrt{\left(\dfrac{\alpha_0}{\gamma_0}\gamma_1\right)^2 + \left(\dfrac{\alpha_1}{\gamma_1}\gamma_0\right)^2}}, \quad \gamma_1' = \frac{\dfrac{\gamma_1}{\gamma_0}\alpha_0}{\sqrt{\left(\dfrac{\alpha_0}{\gamma_0}\gamma_1\right)^2 + \left(\dfrac{\alpha_1}{\gamma_1}\gamma_0\right)^2}}.$$

为实现极化纠缠态的重复转化, Alice 对路径 f_1, g_1 中的光子极化状态执行比特翻转操作 σ_x^{P}. 比特翻转操作后, 复合系统状态转化为

$$|\psi\rangle_R' = (\gamma_0'|HH\rangle + \gamma_1'|VV\rangle) \otimes (\delta_0|f_0 b_0\rangle + \delta_1|g_0 b_1\rangle).$$

状态 $|\psi\rangle_R'$ 与部分超纠缠 Bell 态 $|\psi\rangle$ 形式相同, 只是系数 γ_0', γ_1' 不同. Alice 可以依据她已知需制备量子态 $|\varphi\rangle$ 信息以及量子纠缠信道 $|\psi\rangle_R'$ 信息对光子 A 执行相应操作, 继续将量子纠缠信道转化为目标信道. 因此 Alice 可以对纠缠信道重复演化直到将极化纠缠态演化成功为止.

与极化纠缠态转化类似, 如果在对路径纠缠态转化时, 光子 A 没有从路径模式 f_1', g_1' 出射, 则由光子 A, B 组成的复合系统状态由 $|\phi\rangle_1$ 转化为 $|\phi\rangle_R$:

$$|\phi\rangle_R = (\alpha_0|HH\rangle + \alpha_1|VV\rangle) \otimes (\delta_0'|f_0 b_0\rangle + \delta_1'|g_0 b_1\rangle),$$

式中,

$$\delta_0' = \frac{\dfrac{\delta_0}{\delta_1}\beta_1}{\sqrt{\left(\dfrac{\beta_0}{\delta_0}\delta_1\right)^2 + \left(\dfrac{\beta_1}{\delta_1}\delta_0\right)^2}}, \quad \delta_1' = \frac{\dfrac{\delta_1}{\delta_0}\beta_0}{\sqrt{\left(\dfrac{\beta_0}{\delta_0}\delta_1\right)^2 + \left(\dfrac{\beta_1}{\delta_1}\delta_0\right)^2}}.$$

量子态 $|\phi\rangle_R$ 与部分超纠缠 Bell 态 $|\psi\rangle_S$ 形式相同, 只是系数 δ_0', δ_1' 的值不同. 依据已知需制备量子态 $|\varphi\rangle$ 信息以及量子纠缠信道 $|\phi\rangle_R$ 信息, Alice 可以对纠缠信道路径纠缠态继续演化. 也就是说, Alice 可以对超纠缠态中的路径纠缠态重复演化直到将路径纠缠态成功演化为目标态. 用这种方式, 发送方仅使用线性光学元件就可以将部分纠缠信道演化成为目标信道 $|\phi\rangle_S$. 因此, 这种基于部分超纠缠信道的并行远程量子态制备协议可极大地提高量子通信中超纠缠信道的效率.

第6章 类 GHZ 态远程制备

量子纠缠是量子信息独有的通信资源. 类 GHZ 态是一种重要的量子纠缠态, 在量子通信中有广泛的应用. 针对类 GHZ 态特点, 建立高效的远程类 GHZ 态制备模型是远程量子态制备的重要任务之一. 可将远程类 GHZ 态制备分为类 GHZ 态可控隐形传态和类 GHZ 态远程制备两类.

6.1 高效的类 GHZ 态远程制备协议

这一节首先介绍基于多粒子最大纠缠态和正交投影测量的类 GHZ 态远程制备协议, 再讨论基于非最大纠缠信道和半正定算子测量的类 GHZ 态远程联合制备协议.

任意类 GHZ 态可表示为

$$|\varphi_{k_0,\cdots,k_n}\rangle = \alpha_0 |0, 0 \oplus k_1, \cdots, 0 \oplus k_{n-1}\rangle + (-1)^{k_0} |1, 1 \oplus k_1, \cdots, 1 \oplus k_{n-1}\rangle,$$

式中, $k_0, \cdots, k_{n-1} = 0, 1$ 用于表示 2^n 个不同类 GHZ 态, $|0\rangle, |1\rangle$ 表示测量基 σ_z 的两个本征态. 四个单粒子幺正操作形式为

$$U_0 = |0\rangle\langle 0| + |1\rangle\langle 1|, \quad U_1 = |1\rangle\langle 0| + |0\rangle\langle 1|,$$

$$U_2 = |0\rangle\langle 0| - |1\rangle\langle 1|, \quad U_1 = |0\rangle\langle 1| - |1\rangle\langle 0|.$$

通信方以一个 $m + 1$ 粒子纠缠态为量子纠缠信道

$$|\psi\rangle_{a_0, a_1, \cdots, a_m} = \frac{1}{\sqrt{2}} \left(|00 \cdots 0\rangle + |11 \cdots 1\rangle \right).$$

与量子隐形传态类似, 发送方 Alice_0 与其他发送方 $\text{Alice}_l(l = 1, \cdots, m - 1)$, 接收方 Bob 共享量子纠缠信道. 即 Alice_0 保留纠缠粒子 a_0, 将粒子 a_l 发送给 Alice_l, 粒子 a_m 发送给接收方 Bob.

m 个发送方共享需制备量子态信息. 即 Alice_0 已知系数 α_0, α_1 和参数 $k_0, \cdots, k_{n-1}$ 的值, Alice_l 已知参数 $\lambda_l(l = 1, \cdots, m - 1)$,

$$\sum_{l=1}^{m-1} \lambda_l = \lambda.$$

所有发送方相互合作帮助接收方制备原来的量子态. Alice_0 依据她已知系数 $\{\alpha_0, \alpha_1\}$ 对手中的纠缠粒子执行 $\{|\varPhi\rangle_{a_0}, |\varPhi_\perp\rangle_{a_0}\}$ 下的单粒子正交投影测量:

$$|\varPhi\rangle_{a_0} = \alpha_0 |0\rangle + \alpha_1 |1\rangle, \quad |\varPhi_\perp\rangle_{a_0} = \alpha_0 |1\rangle - \alpha_1 |0\rangle.$$

正交投影测量后, 剩余粒子 $a_1, \cdots, a_m$ 坍缩到与测量结果相应的状态. 即若 Alice_0 正交投影测量结果为 $|\varPhi\rangle_{a_0}$, 则剩余粒子处于状态 $\alpha_0 |0\cdots0\rangle + \alpha_1 |1\cdots1\rangle$, 若 Alice_0 正交投影测量结果为 $|\varPhi_\perp\rangle_{a_0}$, 则剩余粒子坍缩到状态 $\alpha_0 |1\cdots1\rangle - \alpha_1 |0\cdots0\rangle$. Alice_l 的单粒子测量方法不仅依据她已知的需制备量子态信息, 也取决于 Alice_0 的正交投影测量结果. 也就是说, 当 Alice_0 正交投影测量结果为 $|\varPhi\rangle_{a_0}$ 时, Alice_l 对粒子执行测量基 $\{|\varPhi\rangle_{a_l}, |\varPhi_\perp\rangle_{a_l}\}$ 下的正交投影测量:

$$|\varPhi\rangle_{a_l} = \frac{1}{\sqrt{2}} \left(|0\rangle + \mathrm{e}^{-\mathrm{i}\lambda_l} |1\rangle\right),$$

$$|\varPhi_\perp\rangle_{a_l} = \frac{1}{\sqrt{2}} \left(|0\rangle - \mathrm{e}^{-\mathrm{i}\lambda_l} |1\rangle\right).$$

否则, Alice_l 对粒子执行测量基 $\left\{|\varPhi'\rangle_{a_l}, |\varPhi'_\perp\rangle_{a_l}\right\}$ 下的正交投影测量:

$$|\varPhi'\rangle_{a_l} = \frac{1}{\sqrt{2}} \left(\mathrm{e}^{-\mathrm{i}\lambda_l} |0\rangle + |1\rangle\right),$$

$$|\varPhi'_\perp\rangle_{a_l} = \frac{1}{\sqrt{2}} \left(\mathrm{e}^{-\mathrm{i}\lambda_l} |0\rangle - |1\rangle \right).$$

所有发送方单粒子测量后, 剩余粒子 a_m 坍缩到相应状态. 如果 Alice$_0$ 单粒子测量结果为 $|\varPhi\rangle_{a_0}$, 则粒子 a_m 的状态可表示为

$$|\varphi\rangle_{a_m} = \alpha_0 |0\rangle + (-1)^t \mathrm{e}^{\mathrm{i}\lambda} \alpha_1 |1\rangle.$$

否则, 如果 Alice$_0$ 单粒子测量结果为 $|\varPhi_\perp\rangle_{a_0}$, 则粒子 a_m 的状态可表示为

$$|\varphi\rangle_{a_m} = \alpha_0 |1\rangle + (-1)^t \mathrm{e}^{\mathrm{i}\lambda} \alpha_1 |0\rangle,$$

其中, t 用于表示单粒子测量结果为 $|\varPhi_\perp\rangle$ 的 Alice$_l$ 个数. Bob 根据所有发送方测量结果对手中的粒子选择执行局域幺正操作, 可以在他的粒子上制备量子态 $\alpha_0 |0\rangle + (-1)^{k_0} \mathrm{e}^{\mathrm{i}\lambda} \alpha_1 |1\rangle$. 即当 Alice$_0$ 单粒子测量结果为 $|\varPhi\rangle_{a_0}$ 时, Bob 对手中的粒子执行单粒子操作 $U_{2(t\oplus k_0)}$, 否则 Bob 对手中的粒子执行单粒子操作 $U_1 U_{2(t\oplus k_0)}$.

在纠缠粒子 a_m 上制备量子态 $\alpha_0 |0\rangle + (-1)^{k_0} \mathrm{e}^{\mathrm{i}\lambda} \alpha_1 |1\rangle$ 后, 采用文献方法 Bob 可完成原来量子态 $|\varphi\rangle = \alpha_0 |0, 0 \oplus k_1, \cdots, 0 \oplus k_{n-1}\rangle + (-1)^{k_0} |1, 1 \oplus k_1, \cdots, 1 \oplus k_{n-1}\rangle$ 的制备. Alice$_0$ 将参数 $k_1, \cdots, k_{n-1}$ 信息发送给接收方, 接收方引入 $n-1$ 个初态分别为 $|k_1\rangle, \cdots, |k_{n-1}\rangle$ 的附加粒子 $b_1, \cdots, b_{n-1}$, 并分别对粒子 a_m 和粒子 $b_r(r = 1, \cdots, n-1)$ 执行以粒子 a_m 为控制位, 粒子 b_r 为目标位的控制非门操作 (CNOT). 在执行了所有的控制非门操作后, 由粒子 a_m 和粒子 $b_1, \cdots, b_{n-1}$ 组成的复合系统量子态转化为原来需制备量子态.

$$|\varphi'\rangle_{a_m, b_1, \cdots, b_{n-1}} = \alpha_0 |0, 0 \oplus k_1, \cdots, 0 \oplus k_{n-1}\rangle + (-1)^{k_0}$$
$$|1, 1 \oplus k_1, \cdots, 1 \oplus k_{n-1}\rangle.$$

实际上, 这种任意类 GHZ 态远程制备方案是 Hou-Wang 方案的一个特例. 这个方案以制备任意类 GHZ 态 $|\varphi_{k_0,\cdots,k_{n-1}}\rangle = \alpha_0|0,0 \oplus k_1,\cdots,$ $0 \oplus k_{n-1}\rangle + (-1)^{k_0}|1,1 \oplus k_1,\cdots,1 \oplus k_{n-1}\rangle$ 为例证明了 Dai-Zhang 原理. 当需制备 GHZ 态形式为 $|\Phi\rangle = \alpha|00\cdots0\rangle + \beta|11\cdots1\rangle$ 时, 接收方只需要执行控制非门操作以及一些其他的局域幺正操作, 不需要已知第一粒子和其他粒子量子态之间的关系. 但是如果通信方需要制备任意类 GHZ 态, 接收方需要已知粒子量子态之间的关系才能完成量子态的远程制备.

下面讨论非最大纠缠信道下基于半正定算子测量的任意类 GHZ 态远程制备. 与最大纠缠信道下的任意类 GHZ 态远程制备类似, 所有通信方以多粒子纠缠态为量子纠缠信道. 发送方 Alice_0 对手中的粒子执行半正定算子测量, 其他发送方 $\text{Alice}_l(l = 1,\cdots,m-1)$ 对纠缠粒子执行 $\{|\Phi\rangle_{a_l}, |\Phi_\perp\rangle_{a_l}\}$ 基下的单粒子测量. 接收方执行局域幺正操作来重建量子态.

通信方以 $m+1$ 粒子非最大纠缠纯态为量子纠缠信道.

$$|\psi'\rangle = \beta_0 |00\cdots0\rangle + \beta_1 |11\cdots1\rangle.$$

与基于最大纠缠信道的任意类 GHZ 态远程制备类似, 所有发送方共享类 GHZ 态信息, 即 Alice_0 已知系数 α_0,α_1 和参数 $k_0,\cdots,k_{n-1}$ 的值, Alice_l 已知参数 λ_l, 其中 $l = 1,\cdots,m-1$ 且 $\sum\limits_{l=1}^{m-1} \lambda_l = \lambda$.

建立量子纠缠信道后, Alice_0 依据系数 α_0,α_1 以及量子纠缠信道选择相应的半正定算子测量, 对手中的纠缠粒子 a_0 执行单粒子测量. 半正定算子测量可用测量算子描述.

$$E_0 = x |\Psi_0\rangle \langle\Psi_0|,$$

$$E_1 = x |\Psi_1\rangle \langle\Psi_1|,$$

$$E_2 = I - E_0 - E_1,$$

式中,

$$|\Psi_0\rangle = \frac{\alpha_0}{\beta_0^*} |0\rangle + \frac{\alpha_1}{\beta_1^*} |1\rangle,$$

$$|\Psi_1\rangle = \frac{\alpha_0}{\beta_0^*} |0\rangle - \frac{\alpha_1}{\beta_1^*} |1\rangle.$$

为确保算子 E_2 的正定性, 需设定参数 x 的取值范围. 算子 E_0, E_1, E_2 的矩阵形式可表示为

$$E_0 = x \begin{pmatrix} \dfrac{|\alpha_0|^2}{|\beta_0|^2} & \dfrac{\alpha_0 \alpha_1}{\beta_0^* \beta_1} \\ \dfrac{\alpha_1 \alpha_0}{\beta_1^* \beta_0} & \dfrac{|\alpha_1|^2}{|\beta_1|^2} \end{pmatrix},$$

$$E_1 = x \begin{pmatrix} \dfrac{|\alpha_0|^2}{|\beta_0|^2} & -\dfrac{\alpha_0 \alpha_1}{\beta_0^* \beta_1} \\ -\dfrac{\alpha_1 \alpha_0}{\beta_1^* \beta_0} & \dfrac{|\alpha_1|^2}{|\beta_1|^2} \end{pmatrix},$$

$$E_2 = \begin{pmatrix} 1 - 2x\dfrac{|\alpha_0|^2}{|\beta_0|^2} & 0 \\ 0 & 1 - 2x\dfrac{|\alpha_1|^2}{|\beta_1|^2} \end{pmatrix}.$$

假设 $\dfrac{|\alpha_0|^2}{|\beta_0|^2} \geqslant \dfrac{|\alpha_1|^2}{|\beta_1|^2}$, 则参数 x 的最大值可取 $\dfrac{1}{2}\dfrac{|\alpha_0|^2}{|\beta_0|^2}$. 如果 POVM 测量结果为 E_0 或 E_1, 则量子态联合制备成功, 如果 POVM 测量结果为 E_2, 则量子态联合制备失败. POVM 测量后粒子 $a_0, \cdots, a_m$ 状态可由广义测量算子 $\{M_0, M_1, M_2\}$ 确定:

$$M_0 = \sqrt{x'} |\Psi_0\rangle \langle \Psi_0|,$$

$$M_1 = \sqrt{x'} |\Psi_1\rangle \langle \Psi_1|,$$

$$M_2 = \sqrt{1 - 2x\frac{|\alpha_0|^2}{|\beta_0|^2}}\,|0\rangle\langle 0| + \sqrt{1 - 2x\frac{|\alpha_1|^2}{|\beta_1|^2}}\,|1\rangle\langle 1|,$$

其中,

$$x' = \frac{x}{\dfrac{|\alpha_0|^2}{|\beta_0|^2} + \dfrac{|\alpha_1|^2}{|\beta_1|^2}}.$$

如果 POVM 测量结果是 $E_q(q = 0, 1)$, 由粒子 $a_0, \cdots, a_m$ 所组成的复合系统坍缩到状态 $M_q|\psi'\rangle_{a_0,a_1,\cdots,a_m}$. 也就是说当 POVM 测量结果分别为 E_0 或 E_1 时, 复合系统分别处于状态 $\left(\dfrac{\alpha_0}{\beta_0^*}|0\rangle + \dfrac{\alpha_1}{\beta_1^*}|1\rangle\right)(\alpha_0|0\cdots 0\rangle +$ $\alpha_1|1\cdots 1\rangle)$ 或 $\left(\dfrac{\alpha_0}{\beta_0^*}|0\rangle - \dfrac{\alpha_1}{\beta_1^*}|1\rangle\right)(\alpha_0|0\cdots 0\rangle - \alpha_1|1\cdots 1\rangle)$.

　　与基于最大纠缠信道的类 GHZ 态远程制备类似, 其他发送方 Alice_l $(l = 1, \cdots, m - 1)$ 对纠缠粒子执行 $\{|\Phi\rangle_{a_l}, |\Phi_\perp\rangle_{a_l}\}$ 基下的单粒子测量. 所有发送方测量完成后, 如果 POVM 测量结果为 E_0, 则剩余粒子处于状态为

$$|\varphi'\rangle_{a_m} = \alpha_0|0\rangle + (-1)^t \mathrm{e}^{\mathrm{i}\lambda}\alpha_1|1\rangle.$$

如果 POVM 测量结果为 E_1, 则剩余粒子状态为

$$|\varphi'\rangle_{a_m} = \alpha_0|0\rangle + (-1)^{t+1}\mathrm{e}^{\mathrm{i}\lambda}\alpha_1|1\rangle.$$

公式中 t 表示单粒子测量结果为 $|\Phi_\perp\rangle$ 的 Alice_l 个数. 依据 POVM 测量结果为 E_0 或 E_1, 接收方选择对手中的粒子执行幺正操作 $U_{2(t\oplus k_0)}$ 或幺正操作 $U_{2(t\oplus k_0\oplus 1)}$, 就可以在他的粒子上制备量子态 $\alpha_0|0\rangle + (-1)^{k_0}\mathrm{e}^{\mathrm{i}\lambda}\alpha_1|1\rangle$.

　　在成功制备量子态 $\alpha_0|0\rangle + (-1)^{k_0}\mathrm{e}^{\mathrm{i}\lambda}\alpha_1|1\rangle$ 后, 接收方采用最大纠缠信道下类 GHZ 态远程制备同样的方法即可制备需制备量子态 $\alpha_0|0, 0\oplus k_1, \cdots, 0\oplus k_{n-1}\rangle + (-1)^{k_0}|1, 1\oplus k_1, \cdots, 1\oplus k_{n-1}\rangle$.

方案中成功制备量子态概率为 $2x$, 其中 x 表示 POVM 测量结果为 $E_q(q = 0,1)$ 的概率.

$$x = \langle \psi' | E_0 | \psi' \rangle = \langle \psi' | E_1 | \psi' \rangle.$$

由公式可知, 非最大纠缠信道下任意类 GHZ 态远程联合制备的成功概率为 $\dfrac{|\beta_0|^2}{|\alpha_0|^2}$.

6.2 类 GHZ 态可控隐形传态

为更清晰地阐述类 GHZ 态可控隐形传态的基本原理, 这一节先讨论任意高维单粒子态可控隐形传态方案, 再介绍基于多粒子纠缠态的任意多粒子类 GHZ 态可控隐形传态.

与二维系统类似, 广义 Bell 态可写成

$$|\psi_{rs}\rangle = \frac{1}{\sqrt{d}} \sum_{j=0}^{d-1} \mathrm{e}^{\frac{2\pi \mathrm{i}}{d} jr} |j\rangle |j \oplus s\rangle,$$

其中, $r, s = 0, 1, \cdots, d-1$ 用于表示 d^2 个互相正交的 GHZ 态. 态 $|0\rangle, |1\rangle, \cdots, |d-1\rangle$ 是测量基 Z_d 的 d 个本征态. 另一个测量基 X_d 的 d 个本征态可表示为

$$|r\rangle_x = \frac{1}{\sqrt{d}} \sum_{j=0}^{d-1} \mathrm{e}^{\frac{2\pi \mathrm{i}}{d} jr} |j\rangle,$$

其中, $r = 0, 1, \cdots, d-1$. 任意高维单粒子态可表示为

$$|\chi\rangle_{x_0} = a_0 |0\rangle + a_1 |1\rangle + \cdots + a_{d-1} |d-1\rangle,$$

式中, 系数 $a_0, a_1, \cdots, a_{d-1}$ 满足归一化关系:

$$|a_0|^2 + |a_1|^2 + \cdots + |a_{d-1}|^2 = 1.$$

与二维系统类似, d 维 $N+2$ 粒子 GHZ 态可表示为

$$|\phi_{t_0,\cdots,t_{N+1}}\rangle_{A_0,\cdots,A_{N+1}} = \frac{1}{\sqrt{d}}\sum_{t=0}^{d-1} e^{\frac{2\pi i}{d}lt_0}|l\rangle|l\oplus t_1\rangle\cdots|l\oplus t_{N+1}\rangle,$$

$t_0,t_1,\cdots,t_{N+1} = 0,1,\cdots,d-1$ 用于表示 d^{N+2} 个互相正交高维 GHZ 态.

为实现任意未知量子态 $|\chi\rangle_{x_0}$ 的可控隐形传态, 发送方 Alice 先与控制方 Charlie$_q$, $q=1,\cdots,N$, 接收方 Bob 共享一个高维 GHZ 态, 再对手中的粒子 χ_0,A_0 执行广义 Bell 基测量. N 个控制方 Charlie$_q$ 执行广义 X 基测量, 接收方基于发送方以及控制方测量结果与他手中的纠缠粒子状态之间的对应关系, 在手中的粒子上重建原来未知量子态. 即 Alice 保留粒子 A_0, 将粒子 A_q 发送给控制方 Charlie$_q$, $q=1,\cdots,N$, 粒子 A_{N+1} 发送给接收方 Bob. 由 $N+3$ 个粒子 $\chi_0,A_0,\cdots,A_{N+1}$ 组成的复合系统状态为

$$|\chi\rangle_{\chi_0}\otimes|\phi_{t_0,\cdots,t_{N+1}}\rangle_{A_0,\cdots,A_{N+1}}$$
$$=\left(\sum_{l_1=0}^{d-1}\alpha_{l_1}|l_1\rangle\right)\otimes\frac{1}{\sqrt{d}}\left(\sum_{l_2=0}^{d-1}e^{\frac{2\pi i}{d}l_2 t_0}|l_2\rangle|l_2\oplus t_1\rangle\cdots|l_2\oplus t_{N+1}\rangle\right)$$
$$=\frac{1}{d}\sum_{r,s,l=0}^{d-1}|\psi_{rs}\rangle\, e^{\frac{2\pi i}{d}l(t_0-s)}a_i|l\oplus r\oplus t_1\rangle\cdots|l\oplus r\oplus t_{N+1}\rangle.$$

在对粒子 χ_0,A_0 执行广义 Bell 基测量后, 如果 Alice 广义 Bell 基测量结果为 $|\psi_{rs}\rangle$, 则剩余粒子 $A_1,\cdots,A_{N+1}$ 的状态坍缩为状态 $|\phi\rangle_{A_1,\cdots,A_N}$.

$$|\phi\rangle_{A_1,\cdots,A_N} = \sum_{r,s,l=0}^{d-1}e^{\frac{2\pi i}{d}l(t_0-s)}a_i|l\oplus r\oplus t_1\rangle\cdots|l\oplus r\oplus t_{N+1}\rangle.$$

控制方对纠缠粒子执行 X_d 测量, 控制方测量可表示为

$$M = (\langle 0|_x)^{N-t_1-\cdots-t_{d-1}}\otimes(\langle 1|_x)^{t_1}\otimes\cdots\otimes(\langle d-1|_x)^{t_{d-1}}.$$

所有发送方执行 M 测量后, 接收方手中的粒子处于状态

$$
\begin{aligned}
|\phi\rangle_{A_{N+1}} &= M \, |\phi\rangle_{A_1,\cdots,A_{N+1}} \\
&= \sum_{l=0}^{d-1} \mathrm{e}^{\frac{2\pi\mathrm{i}}{d}(t_0-s-r')l} a_l \, |l \oplus r \oplus t_{N+1}\rangle_{A_{N+1}},
\end{aligned}
$$

其中, $r' = 1 \cdot t_1 + 2 \cdot t_2 + \cdots + (d-1) \cdot t_{d-1}, t_j (j = 0, \cdots, d-1)$ 表示获得的测量结果为 $|j\rangle_x$ 的控制方个数. 依据发送方与控制方的测量结果, 接收方对粒子执行相应的局域幺正操作就可以重建原来未知量子态:

$$
U_z^{t_0-s-r'} U_x^{r \oplus t_{N+1}} \, |\phi\rangle_{A_{N+1}} = \sum_{l=0}^{d-1} a_l \, |l\rangle_{A_{N+1}},
$$

其中,

$$
U_z^m = \sum_{j=0}^{d-1} \mathrm{e}^{-\frac{2\pi\mathrm{i}}{d}mj} \, |j\rangle \langle j|,
$$

$$
U_x^n = \sum_{j=0}^{d-1} |j\rangle \langle j \oplus n|,
$$

$m, n = 0, \cdots, d-1$ 用于表示 d 个不同的局域幺正操作.

下面讨论基于最大纠缠态的任意高维 M 粒子类 GHZ 态可控隐形传态. 与二维系统类似, 任意 M 粒子类 GHZ 态可表示为

$$
|\psi\rangle_{\chi_0,\cdots,\chi_{M-1}} = \sum_{l=0}^{d-1} \mathrm{e}^{\frac{2\pi\mathrm{i}}{d}lk_0} \alpha_l \, |l\rangle \, |l \oplus k_1\rangle \cdots |l \oplus k_{M-1}\rangle,
$$

其中,

$$
\sum_{l=0}^{d-1} \left| \mathrm{e}^{\frac{2\pi\mathrm{i}}{d}lk_0} \alpha_l \right|^2 = 1,
$$

其中, M 个未知参数 $k_0, \cdots, k_{M-1} = 0, \cdots, d-1$ 用于表示 d^M 个类 GHZ 态. 通信方使用 $N+2$ 粒子纠缠态 $\left|\phi_{t_0,\cdots,t_{N+1}}\right\rangle_{A_0,\cdots,A_{N+1}}$ 作为量子纠缠信道.

发送方 Alice 先与控制方 $\text{Charlie}_{q}, q = 1, \cdots, N$, 接收方 Bob, 共享多粒子纠缠信道 $\left|\phi_{t_0, \cdots, t_{N+1}}\right\rangle_{A_0, \cdots, A_{N+1}}$, 然后确定粒子 χ_0 与其他粒子 $\chi_l, l = 1, \cdots, M - 1$ 之间的状态关系. 接收方 Bob 通过在他的纠缠粒子和引入的附加粒子上执行相应的操作完成原来未知量子态的重建.

确定粒子 χ_0 与其他粒子 $\chi_l(l = 1, \cdots, M-1)$ 之间的状态关系原理图如图 6.1 所示. 幺正操作 U_c 为

$$U_c = \sum_{j_1, j_2 = 0}^{d-1} |j_1, j_2 \oplus (d - j_1)\rangle \langle j_1, j_2|.$$

可将量子态 $|\psi\rangle$ 转化为量子态 $|\psi\rangle_{s_2}$. 也就是说, Alice 对粒子 χ_0, χ_1 执行幺正操作 U_c, 由粒子 $\chi_0, \cdots, \chi_{M-1}$ 转化为

$$\begin{aligned}
|\psi\rangle_{s_2} &= U_c |\psi\rangle_{\chi_0, \cdots, \chi_{M-1}} \\
&= \sum_{i=1}^{d-1} \mathrm{e}^{\frac{2\pi \mathrm{i}}{d} l k_0} \alpha_l |l\rangle_{\chi_0} |l \oplus k_1 \oplus (d - l)\rangle_{\chi_1} \cdots |l \oplus k_{M-1}\rangle_{\chi_{M-1}} \\
&= \left(\sum_{i=1}^{d-1} \mathrm{e}^{\frac{2\pi \mathrm{i}}{d} l k_0} \alpha_l |l\rangle_{\chi_0} \cdots |l \oplus k_{M-1}\rangle_{\chi_{M-1}} \right) \otimes |k_1\rangle_{\chi_1}.
\end{aligned}$$

Alice 对其他粒子 $\chi_l(l = 2, \cdots, M - 1)$ 重复这一步骤, 将复合系统状态转化为

$$|\psi\rangle_{s_M} = \left(\sum_{l=0}^{d-1} \mathrm{e}^{\frac{2\pi \mathrm{i}}{d} l k_0} \alpha_l |l\rangle_{\chi_0} \right) \otimes |k_1\rangle_{\chi_1} \otimes \cdots \otimes |k_{M-1}\rangle_{\chi_{M-1}}.$$

Alice 对粒子 $\chi_l(l = 1, \cdots, M - 1)$ 执行测量基 Z_d 下的测量, 获得的测量结果用 t_l 表示. 在所有的幺正演化和单粒子测量后, 粒子 χ_0 的状态转化为

$$|\psi\rangle_{\chi_0} = \sum_{l=0}^{d-1} \mathrm{e}^{\frac{2\pi \mathrm{i}}{d} l k_0} \alpha_l |l\rangle_{\chi_0}.$$

与任意单粒子态可控隐形传态类似, 接收方可重建需制备量子态.

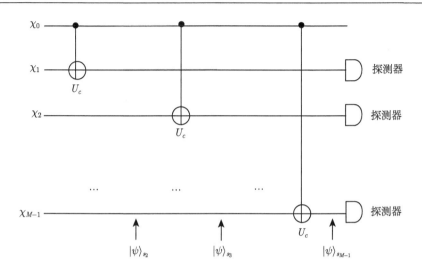

图 6.1 确定粒子 χ_0 与其他粒子 $\chi_l(l = 1, 2, \cdots, M-1)$ 状态之间的关系线路图

发送方 Alice 先对手中的粒子 χ_0, A_0 执行广义 Bell 基测量, 然后控制方 Charlie$_q$, $q = 1, \cdots, N$ 对他们的纠缠粒子执行 X_d 测量, 接收方可通过局域幺正操作来制备量子态 $|\psi\rangle$.

如果我们假设 Alice 的测量结果为 $|\psi_{r,s}\rangle$ $(r, s = 0, 1, \cdots, d-1)$, 控制方的测量结果为 $r'(r' = 1 \cdot t_1 + 2 \cdot t_2 + \cdots + (d-1) \cdot t_{d-1})$, 则 Bob 可通过对粒子 A_{N+1} 执行幺正操作 $U_z^{t_0-s-r'} U_x^{r \oplus t_{N+1}}$ 来重建原来量子态.

为重建原来的 M 粒子类 GHZ 态, Bob 引入 $M-1$ 个初态为 $|00\cdots0\rangle_{B_2\cdots B_M}$ 的 d 维附加粒子 $B_2, \cdots, B_M$ (图 6.2). Bob 通过对粒子 A_{N+1} 和附加粒子 $B_n(n = 2, \cdots, M)$ 执行幺正操作 U^{t_j} 来实现原来未知 M 粒子类 GHZ 态的重建.

$$U^j = \sum_{l_1,l_2=0}^{d-1} |l_1, l_1 \oplus l_2 \oplus j\rangle \langle l_1, l_2|.$$

在上面的讨论中, 我们假设量子纠缠信道是无噪声的最大纠缠信道. 然而在量子通信的实际应用中, 量子纠缠信道往往是非最大纠缠纯态

或混合态. 下面仅讨论基于非最大纠缠纯态的任意类 GHZ 态可控隐形
传态.

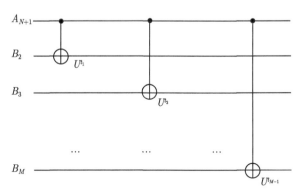

图 6.2 重建任意未知类 GHZ 态原理图

假设发送方、控制方和接收方共享的是 1 个非最大纠缠纯态:

$$\left|\phi'_{t_0,\cdots,t_{N+1}}\right\rangle_{A_0,\cdots,A_{N+1}} = \frac{1}{\sqrt{d}}\sum_{t=0}^{d-1} e^{\frac{2\pi i}{d}lt_0}\beta_l\left|l\right\rangle\left|l\oplus t_1\right\rangle\cdots\left|l\oplus t_{N+1}\right\rangle,$$

其中,

$$\sum_{l=0}^{d-1}\left|\beta_l\right|^2 = 1.$$

发送方 Alice 先使用最大纠缠信道下任意类 GHZ 态可控隐形传态方
案相同的方法确定类 GHZ 态第一粒子 χ_0 与其他粒子 $\chi_l(l = 1, \cdots, M-$
$1)$ 状态之间的关系, 再将未知量子态系数传输给接收方 Bob. Bob 通过
引入附加粒子和实行联合幺正演化的方法可概率重建原来未知量子态
$\left|\psi\right\rangle_{\chi_0,\cdots,\chi_{M-1}}$.

文献已给出基于纯纠缠信道 $\left|\phi\right\rangle_{a_0,\cdots,a_{n+1}} = \sum_{j'=0}^{d-1}c'_j\prod_{k=1}^{n+1}\left|j'\right\rangle_{a_k}$ 的任意高
维单粒子态 $\alpha_0\left|0\right\rangle + \alpha_1\left|1\right\rangle + \cdots + \alpha_{d-1}\left|d-1\right\rangle$ 可控隐形传态方法. 在
基于非最大纠缠纯态 $\left|\phi'_{t_0,\cdots,t_{N+1}}\right\rangle_{A_0,\cdots,A_{N+1}}$ 的可控隐形传态方案中, 可以

使用同样的方法实现任意未知单粒子态可控隐形传态. 由 $N+3$ 粒子 $\chi_0, A_0, \cdots, A_{N+1}$ 组成的复合系统状态可表示为

$$
|\chi\rangle_{\chi_0} \otimes \left|\phi'_{t_0,\cdots,t_{N+1}}\right\rangle_{A_0,\cdots,A_{N+1}}
$$

$$
= \left(\sum_{l_1=0}^{d-1} \alpha_{l_1} |l_1\rangle\right) \otimes \left(\sum_{l_2=0}^{d-1} \mathrm{e}^{\frac{2\pi \mathrm{i}}{d} l_2 t_0} \beta_{l_2} |l_2\rangle |l_2 \oplus t_1\rangle \cdots |l_2 \oplus t_{N+1}\rangle\right)
$$

$$
= \frac{1}{\sqrt{d}} \sum_{r,s,l=0}^{d-1} |\psi_{rs}\rangle \mathrm{e}^{\frac{2\pi \mathrm{i}}{d} l(t_0-s)} \alpha_l \beta_{l\oplus r} |l \oplus r \oplus t_1\rangle \cdots |l \oplus r \oplus t_{N+1}\rangle.
$$

Alice 对粒子 χ_0, A_0 执行广义 Bell 基测量后, 控制方 Charlie$_q$, $q = 1, \cdots, N$ 对他们手中的纠缠粒子执行 X_d 测量. 如果 Alice 的测量结果为 $|\psi_{rs}\rangle$, 控制方的测量结果为 r', 则粒子 A_{N+1} 处于状态 $|\psi'\rangle_{A_{N+1}}$:

$$
|\psi'\rangle_{A_{N+1}} = \frac{1}{\sqrt{D}} \sum_{l=0}^{d-1} \mathrm{e}^{\frac{2\pi \mathrm{i}}{d} l(t_0-s-r')} \alpha_l \beta_{l\oplus r} |l \oplus r \oplus t_{N+1}\rangle,
$$

其中,

$$
D = \sum_{l=0}^{d-1} |\alpha_l \beta_{l\oplus r}|^2.
$$

为概率地获得单粒子态 $\alpha_0 |0\rangle + \alpha_1 |1\rangle + \cdots + \alpha_{d-1} |d-1\rangle$, Bob 对粒子 A_{N+1} 和引入初态为 $|0\rangle_{\mathrm{aux}}$ 的附加量子比特 a_{aux} 执行联合幺正操作. 也就是说, 接收方使用一个二维量子比特作为获取原来量子态有用信息的附加量子比特. 联合幺正操作后, 一维用于投影有用信息, 另一维用于投影无用信息.

假设

$$
|\beta_k|^2 = \min\left\{|\beta_i|^2, i = 0, \cdots, d-1\right\},
$$

测量基 $|0\rangle |0\rangle_{\mathrm{aux}}, |1\rangle |0\rangle_{\mathrm{aux}}, \cdots, |d-1\rangle |0\rangle_{\mathrm{aux}}, |0\rangle |1\rangle_{\mathrm{aux}}, \cdots, |d-1\rangle |1\rangle_{\mathrm{aux}}$ 下, 联合幺正演化可表示为

$$U_{\max} = \begin{pmatrix}
\dfrac{\beta_k}{\beta_0} & 0 & \cdots & 0 & \sqrt{1-\left(\dfrac{\beta_k}{\beta_0}\right)^2} & 0 & \cdots & 0 \\[3mm]
0 & \dfrac{\beta_k}{\beta_1} & \cdots & 0 & 0 & \sqrt{1-\left(\dfrac{\beta_k}{\beta_1}\right)^2} & \cdots & 0 \\[3mm]
\vdots & \vdots & & \vdots & \vdots & & & \vdots \\[3mm]
0 & 0 & \cdots & \dfrac{\beta_k}{\beta_{d-1}} & 0 & 0 & \cdots & \sqrt{1-\left(\dfrac{\beta_k}{\beta_{d-1}}\right)^2} \\[3mm]
\sqrt{1-\left(\dfrac{\beta_k}{\beta_0}\right)^2} & 0 & \cdots & 0 & -\dfrac{\beta_k}{\beta_0} & 0 & \cdots & 0 \\[3mm]
0 & \sqrt{1-\left(\dfrac{\beta_k}{\beta_1}\right)^2} & \cdots & 0 & 0 & -\dfrac{\beta_k}{\beta_1} & \cdots & 0 \\[3mm]
\vdots & \vdots & & \vdots & \vdots & & & \vdots \\[3mm]
0 & 0 & \cdots & \sqrt{1-\left(\dfrac{\beta_k}{\beta_{d-1}}\right)^2} & 0 & 0 & \cdots & -\dfrac{\beta_k}{\beta_{d-1}}
\end{pmatrix}$$

Bob 对他的粒子执行幺正转化 $U_{\max}$:

$$U_{\max} |\psi'\rangle_{A_{N+1}} |0\rangle_{\text{aux}} = \sum_{l=0}^{d-1} \mathrm{e}^{\frac{2\pi\mathrm{i}}{d} l(t_0 - s - r')} \alpha_l \beta_{l\oplus r} |l \oplus r \oplus t_{N+1}\rangle_{A_{N+1}}$$
$$\times \left(\frac{\beta_k}{\beta_{l\oplus r}} |0\rangle_{\text{aux}} + \sqrt{1 - \left(\frac{\beta_k}{\beta_{l\oplus r}}\right)^2} |1\rangle_{\text{aux}} \right).$$

局域幺正操作后, Bob 对附加粒子执行 Z_d 测量. 如果测量结果为 $|0\rangle_{\text{aux}}$, 则可控隐形传态成功, 否则可控隐形传态失败. 如果测量结果为 $|0\rangle_{\text{aux}}$, 则粒子 A_{N+1} 处于状态 $|\psi''\rangle_{A_{N+1}}$:

$$|\psi''\rangle_{A_{N+1}} = \sum_{l=0}^{d-1} \mathrm{e}^{\frac{2\pi\mathrm{i}}{d} l(t_0 - s - r')} \alpha_l |l \oplus r \oplus t_{N+1}\rangle_{A_{N+1}}.$$

通过对粒子执行与发送方以及控制方测量结果相应的幺正操作 $U_z^{t_0 - s - r'}$, $U_x^{r \oplus t_{N+1}}$, 接收方可重建原来未知量子态. 从量子态 $|\varphi\rangle_{A_{N+1}}$ 中获取未知量子态 $|\chi\rangle$ 的成功率等于纠缠信道系数 $\beta_j (j = 0, \cdots, d-1)$ 中最小系数的平方. 即接收方重建原来量子态的成功率为 $P = d|\beta_k|^2$. 重建单粒子态 $|\psi''\rangle_{A_{N+1}}$ 后, Bob 可用同样的方法重建多粒子类 GHZ 态

$$|\psi\rangle_{\chi_0 \cdots \chi_{M-1}} = \sum_{l=0}^{d-1} \mathrm{e}^{\frac{2\pi\mathrm{i}}{d} l k_0} \alpha_l |l \oplus k_1\rangle \cdots |l \oplus k_{M-1}\rangle.$$

接下来再使由路径 d_0, d_1, e_0, e_1 出射的光子 A 进入极化分束器 PBS_3, PBS_4. 复合系统状态由状态 $|\Psi_2\rangle$ 转化为态 $|\Psi_3\rangle$ (忽略整体相位):

$$|\Psi_3\rangle = (\alpha_0 |HH\rangle + \alpha_1 |VV\rangle)(|f_0 b_0\rangle + |g_0 b_1\rangle) + (\alpha_0 |HV\rangle$$
$$+ \alpha_1 |VH\rangle)(|f_1 b_0\rangle + |g_1 b_1\rangle),$$

式中, f_0, f_1 表示极化分束器 PBS_3 的两个输出模式, g_0, g_1 表示极化分束器 PBS_4 的两个输出模式.

部分超纠缠 Bell 态路径纠缠态操控线路原理如图 5.7 所示. 依据已知需制备量子态信息, 发送方 Alice 先使用非对称分束器对超纠缠态的路径纠缠态进行操控, 再对她手中超纠缠光子 A 执行单粒子测量. 接收方通过执行局域幺正演化就可完成量子态的制备. 非对称分束器中, 玻片 ω 用于在两个路径模式之间增加相位差. 非对称分束器的反射系数以及投射系数由玻片调节.

为实现单量子态的并行远程制备, Alice 让纠缠光子穿过线性光学元件. 即 Alice 让处于路径模式 f_0, g_0, f_1, g_1 的光子 A 穿过分束器 BS_1, BS_2 以及玻片. 由粒子 A, B 组成的复合系统状态由 $|\Psi_3\rangle$ 转化为 $|\Phi_1\rangle$:

$$|\Phi_1\rangle = (\alpha_0|HH\rangle + \alpha_1|VV\rangle)[(\mathrm{i}\mathrm{e}^{\mathrm{i}\omega}|h_0\rangle + |h_1\rangle)|b_0\rangle + (\mathrm{e}^{\mathrm{i}\omega}|h_0\rangle + \mathrm{i}|h_1\rangle)|b_1\rangle].$$

第7章　远程量子态操控

基于预先共享量子纠缠信道的非定域相关性, 量子信息也可以完成任意量子操控的远程传送. 与远程量子态制备类似, 按发送方已知或未知需制备量子操控信息, 可将远程量子操控分为两类: ① 发送方未知需执行量子操控信息的量子操控远程实现方案; ② 发送方部分已知或完全已知需执行量子操控信息的量子操控远程实现方案. 下面介绍这两类远程量子态操控方案.

7.1　量子态双向远程操控

近年来, 双向量子通信引起了广泛关注, 研究人员提出了不同的双向量子通信模型, 如双向量子秘钥分配、双向量子安全直接通信, 双向量子隐形传态等. 与远程量子态制备类似, 基于量子纠缠信道的非定域相关性, 量子通信也可以实现量子操控的双向远程传送. 下面介绍一个双向量子态远程操控模型.

7.1.1　基于双粒子纠缠态和簇态的量子态双向可控远程操控协议

Bell 态可表示为

$$|\varphi_{rs}\rangle = \frac{1}{\sqrt{2}} \sum_{j=0}^{1} (-1)^{jr}|j\rangle|j \oplus s\rangle,$$

其中, $r, s = 0, 1$ 用于表示四个 Bell 态, $|0\rangle, |1\rangle$ 是测量基 σ_z 的两个本征态. 双粒子最大纠缠态为四个 Bell 态之一. 测量基 X 的两个本征态可表

示为

$$|0_x\rangle = \frac{1}{\sqrt{2}}(|0\rangle + |1\rangle),$$

$$|1_x\rangle = \frac{1}{\sqrt{2}}(|0\rangle - |1\rangle).$$

单粒子幺正操作 Z_0, Z_1, X_0, X_1 可实现单粒子状态间的转化:

$$Z_0 = |0\rangle\langle0| + |1\rangle\langle1|, \quad Z_1 = |0\rangle\langle0| - |1\rangle\langle1|,$$

$$X_0 = |0\rangle\langle0| + |1\rangle\langle1|, \quad X_1 = |0\rangle\langle1| + |1\rangle\langle0|.$$

与双向量子隐形传态类似, 在量子态双向可控远程操控协议中, Alice 和 Bob 既是量子操控的发送方同时也是量子操控的接收方. 假设 Alice 有粒子 a 处于任意单量子比特态:

$$|\chi_1\rangle_a = \alpha_0|0\rangle + \alpha_1|1\rangle,$$

其中, $|\alpha_0|^2 + |\alpha_1|^2 = 1$. Bob 有量子比特 b 处于任意单量子比特态:

$$|\chi_2\rangle_b = \beta_0|0\rangle + \beta_1|1\rangle,$$

其中, $|\beta_0|^2 + |\beta_1|^2 = 1$. Alice 希望将 Bob 手中的量子态 $|\chi_2\rangle_b$ 转化为量子态 $U_a|\chi_2\rangle_b$, 同时 Bob 希望将 Alice 手中的量子态 $|\chi_1\rangle_a$ 转化为目标态 $U_b|\chi_1\rangle_a$.

假设 Alice, Bob 和 Charlie 共享的量子纠缠信道为两个双粒子最大纠缠态:

$$|\varphi_{00}\rangle_{A_0A_1} = \frac{1}{\sqrt{2}}(|00\rangle + |11\rangle),$$

$$|\varphi_{00}\rangle_{B_0B_1} = \frac{1}{\sqrt{2}}(|00\rangle + |11\rangle),$$

以及 1 个 5 粒子簇态

$$|\psi_5\rangle_{C_0C_1C_2C_3C_4} = \frac{1}{2}(|00000\rangle + |00111\rangle + |11101\rangle + |11010\rangle).$$

任意单量子比特操控双向可控远程传送原理如图 7.1 所示. Alice 与 Bob 共享两个双粒子最大纠缠对 $|\varphi\rangle_{A_0A_1}, |\varphi\rangle_{B_0B_1}$, 与 Bob 和 Charlie 共享 1 个 5 粒子簇态 $|\psi_5\rangle_{C_0C_1C_2C_3C_4}$. 也就是说, Alice 拥有纠缠态 $|\varphi\rangle_{A_0A_1}, |\varphi\rangle_{B_0B_1}, |\psi_5\rangle_{C_0C_1C_2C_3C_4}$ 中的纠缠粒子 A_0, B_0, C_0, C_2. Bob 拥有纠缠态 $|\varphi\rangle_{A_0A_1}, |\varphi\rangle_{B_0B_1}, |\psi_5\rangle_{C_0C_1C_2C_3C_4}$ 中的纠缠粒子 A_1, B_1, C_1, C_4. Charlie 拥有纠缠态 $|\psi_5\rangle_{C_0C_1C_2C_3C_4}$ 中的纠缠粒子 C_3.

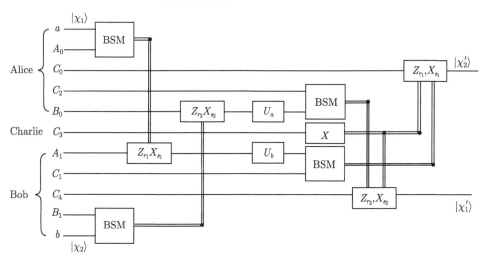

图 7.1 任意单量子比特操控双向可控远程传送原理图

为实现量子操控的双向可控远程传送, Alice(Bob) 对未知量子态粒子和双粒子纠缠粒子执行 Bell 基测量, Bob(Alice) 依据 Bell 基测量结果对手中的双粒子纠缠粒子执行局域幺正操作重建原来未知量子态, 并对重建后的量子态执行需传送单粒子操控, 最后对双粒子纠缠粒子及纠缠粒子执行 Bell 基测量. 控制方对手中的纠缠粒子执行 X 基测量,

Alice(Bob) 与控制方合作即可在她 (他) 的纠缠粒子上制备需制备量子态.

为实现量子操控双向可控传送, Alice 以双粒子纠缠态 $|\varphi_{00}\rangle_{A_0A_1}$ 为量子纠缠信道将单量子态 $|\chi_1\rangle_a$ 传送给 Bob, 同时 Bob 以双粒子纠缠态 $|\varphi_{00}\rangle_{B_0B_1}$ 为量子纠缠信道将单量子态 $|\chi_2\rangle_b$ 传送给 Alice. 通信方在纠缠粒子 B_0, A_1 上重建原来单量子比特态 $|\chi_1\rangle_a, |\chi_2\rangle_b$ 之后, Alice 和 Bob 分别对粒子 B_0, A_1 执行量子操作 U_a, U_b. 粒子 a, b, A_0, A_1, B_0, B_1 所组成的复合系统量子态可表示为 (未归一化):

$$
|\chi_1\rangle_a \otimes |\chi_2\rangle_b \otimes |\varphi_{00}\rangle_{A_0A_1} \otimes |\varphi_{00}\rangle_{B_0B_1}
$$

$$
= \sum_{j_1,j_2,l_1,l_2=0}^{1} \alpha_{j_1}|j_1\rangle_a |l_1l_1\rangle_{A_0A_1} \beta_{j_2}|j_2\rangle_b |l_2l_2\rangle_{B_0B_1}
$$

$$
= \sum_{\substack{j_1,j_2,r_1,\\ s_1,r_2,s_2=0}}^{1} |\varphi_{r_1s_1}\rangle_{aA_0} |\varphi_{r_2s_2}\rangle_{bB_1} (-1)^{j_1r_1}\alpha_{j_1}s_1\rangle_{A_1} (-1)^{j_2r_2}\beta_{j_2}|j_2 \oplus s_2\rangle_{B_0}.
$$

在 Alice 对粒子 a, A_0 执行 Bell 基测量后, 如果 Alice 的测量结果为 $|\varphi_{r_1s_1}\rangle_{aA_0}$, 则 Bob 手中的纠缠粒子 A_1 坍缩为 $|\phi_1\rangle$:

$$
|\phi_1\rangle_{A_1} = \sum_{j_1=0}^{1} (-1)^{j_1r_1}\alpha_{j_1}|j_1 \oplus r_1\rangle.
$$

同时, 若 Bob 对粒子 b, B_1 的 Bell 基的测量结果为 $|\varphi_{r_2s_2}\rangle_{bB_1}$, 则 Alice 手中的纠缠粒子 B_0 状态坍缩为 $|\phi_2\rangle$.

$$
|\phi_2\rangle_{B_0} = \sum_{j_2=0}^{1} (-1)^{j_2r_2}\beta_{j_2}|j_2 \oplus r_2\rangle.
$$

Bob 对粒子 A_1 执行单粒子子操作 $Z_{r_1}X_{s_1}$ 即可在粒子 A_1 上重建原来量子态 $|\chi_1\rangle$:

$$
|\chi_1\rangle_{A_1} = Z_{r_1}X_{s_1}|\phi_1\rangle_{A_1}.
$$

同样的, Alice 对粒子 B_0 执行单粒子子操作 $Z_{r_2}X_{s_2}$ 即可在粒子 B_0 上重建原来量子态 $|\chi_2\rangle$:

$$|\chi_2\rangle_{B_0} = Z_{r_2}X_{s_2}|\phi_2\rangle_{B_0}.$$

重建原来量子态之后, Alice 对粒子 B_0 执行需传送的单量子态操控 U_a:

$$|\chi_2'\rangle_{B_0} = U_a|\chi_2\rangle_{B_0} = (\beta_0'|0\rangle + \beta_1'|1\rangle)_{B_0}$$

Bob 对粒子 A_1 执行需传送的单量子态操控 U_b:

$$|\chi_1'\rangle_{A_1} = U_b|\chi_1\rangle_{A_1} = (\alpha_0'|0\rangle + \alpha_1'|1\rangle)_{A_1}.$$

执行单量子操控后, Alice 和 Bob 分别对手中的粒子执行 Bell 基测量. 即 Alice 对粒子 B_0, C_2 执行 Bell 基测量, Bob 对粒子 A_1, C_1 执行 Bell 基测量. 粒子 $A_1, B_0, C_0, C_1, C_2, C_3, C_4$ 所组成的复合系统状态可改写为 (忽略整体相位因子):

$$
\begin{aligned}
&|\chi_1'\rangle_{A_1} \otimes |\chi_2'\rangle_{B_0} \otimes |\psi_5\rangle_{C_0C_1C_2C_3C_4} \\
&= \sum_{j_1,j_2,l_1,l_2=0}^{1} \alpha_{j_1}'|j_1\rangle_{A_1}\beta_{j_2}'|j_2\rangle_{B_0}|l_1,l_1,l_2,l_1\oplus l_2,l_2\rangle \\
&= \sum_{\substack{r_1,r_2,s_1,s_2,\\ j_1,j_2=0}}^{1} (-1)^{r_1j_1+r_2j_2}\alpha_{j_1}'|j_1\oplus s_1\rangle_{C_0}\beta_{j_2}'|j_2\oplus s_2\rangle_{C_4}|\varphi_{r_1s_1}\rangle_{A_1C_1} \\
&\quad |\varphi_{r_2s_2}\rangle_{B_0C_2}|j_1\oplus j_2\rangle_{C_3}.
\end{aligned}
$$

Alice 与 Bob 执行 Bell 基测量后, 如果 Bell 基的测量结果分别为 $|\varphi_{r_1s_1}\rangle_{A_1C_1}, |\varphi_{r_2s_2}\rangle_{B_0C_2}$, 则剩余粒子 C_0, C_3, C_4 的状态坍缩为 $|\Psi\rangle_{C_0C_3C_4}$.

$$|\Psi\rangle_{C_0C_3C_4} = \sum_{j_1,j_2=0}^{1} (-1)^{r_1j_1+r_2j_2}\alpha_{j_1}'|j_1\oplus s_1\rangle_{C_0}\beta_{j_2}'|j_2\oplus s_2\rangle_{C_4}|j_1\oplus j_2\rangle_{C_3}.$$

为实现量子操控远程可控传送, 控制方 Charlie 对纠缠粒子 C_3 执行 X 基测量. 粒子 C_0, C_3, C_4 的状态可改写为 (未归一化)

$$|\Psi\rangle_{C_0 C_3 C_4} = \sum_{j_1, j_2, t=0}^{1} (-1)^{r_1' j_1 + r_2' j_2} \alpha_{j_1}' |j_1 \oplus s_1\rangle_{C_0} \beta_{j_2}' |j_2 \oplus s_2\rangle_{C_4} |t_x\rangle_{C_3},$$

其中, $r_1' = r_1 + t, r_2' = r_2 + t$. 如果 Charlie 的 X 基测量结果为 $|t_x\rangle_{C_3}$, 则粒子 C_0, C_4 的状态坍缩为相应的状态 $|\xi\rangle_{C_0, C_4}$.

$$|\xi\rangle_{C_0 C_4} = |\xi_1\rangle_{C_0} \otimes |\xi_2\rangle_{C_4},$$

式中,

$$|\xi_1\rangle_{C_0} = \sum_{j_1=0}^{1} (-1)^{r_1' j_1} \alpha_{j_1'} |j_1 \oplus s_1\rangle_{C_0},$$

$$|\xi_2\rangle_{C_4} = \sum_{j_2=0}^{1} (-1)^{r_2' j_2} \alpha_{j_2'} |j_2 \oplus s_2\rangle_{C_4}.$$

局域幺正操作 $Z_{r_1'} X_{s_1}, Z_{r_2'} X_{s_2}$ 可将量子态 $|\xi_1\rangle_{C_0}, |\xi_2\rangle_{C_4}$ 转化为目标态 $|\chi_1'\rangle_{C_0}, |\chi_2'\rangle_{C_4}$.

$$|\chi_1'\rangle_{C_0} = Z_{r_1'} X_{s_1} |\xi_1\rangle_{C_0},$$

$$|\chi_2'\rangle_{C_4} = Z_{r_2'} X_{s_2} |\xi_2\rangle_{C_4}.$$

7.1.2　部分未知量子操控双向可控远程传送协议

量子纠缠态是量子通信的珍贵资源. 研究表明, 如果需远程传送的为某些特殊量子操控, 则量子操控所需消耗的量子纠缠资源与经典通信相比可减少. 下面介绍一个基于 5 粒子簇态的部分未知量子操控可控远程实现模型.

部分未知量子操控可表示为

$$U_{\theta, r} = \sum_{j=0}^{1} (-1)^{r(j+1)} e^{(-1)^{j+r} i\theta} |j \oplus r\rangle \langle j|,$$

其中, θ 为未知实系数, $r = 0, 1$. U_0 表示绕 z 轴旋转操作, U_1 表示绕 x-y 平面任意轴旋转 π 角度.

为实现部分未知量子操控可控远程传送, Alice, Bob, Charlie 共享 1 个 5 粒子纠缠簇态. Alice(Bob) 对手中的未知量子态系统和纠缠粒子执行控制非门操作, 并对手中的粒子执行 Z 基测量. Bob(Alice) 先依据 Z 基测量结果对手中的纠缠粒子执行局域幺正操作, 再执行需传送的量子操控并执行 X 基测量. 控制方对他的纠缠粒子执行 X 基测量, 与控制方合作, Alice(Bob) 即可在她 (他) 的量子系统上制备需制备量子态.

与任意单量子态操控远程传送类似, 通信方以 1 个 5 粒子纠缠簇态 $|\psi_5\rangle_{C_0C_1C_2C_3C_4}$ 为量子纠缠信道. Alice 将 5 粒子纠缠态中的纠缠粒子 C_1, C_4 发送给 Bob, 粒子 C_3 发送给控制方 Charlie, 并保留粒子 C_0, C_2. 由粒子 $a, b, C_0, C_1, C_2, C_3, C_4$ 组成的复合系统状态可表示为

$$|\Phi\rangle = |\chi_1\rangle_a \otimes |\chi_2\rangle_b \otimes |\psi_5\rangle_{C_0C_1C_2C_3C_4}$$
$$= \sum_{j_1,j_2,l_1,l_2=0}^{1} \alpha_{j_1}\beta_{j_2}|j_1\rangle|j_2\rangle|l_1, l_1, l_2, l_1 \oplus l_2, l_2\rangle.$$

建立量子信道后, Alice 以粒子 a 为控制比特对粒子 a, C_0 执行控制非门操作, 同时 Bob 以粒子 b 为控制比特对粒子 b, C_4 执行控制非门操作. 控制非门操作后, 复合系统状态转化为

$$|\Phi_c\rangle = \sum_{\substack{j_1,j_2 \\ l_1,l_2=0}}^{1} \alpha_{j_1}\beta_{j_2}|j_1\rangle|j_2\rangle|l_1 \oplus j_1, l_1, l_2, l_1 \oplus l_2, l_2 \oplus j_2\rangle.$$

Alice 和 Bob 分别对粒子 C_0, C_4 执行 Z 基测量. 复合系统状态可改写为

$$|\Phi_c\rangle = \frac{1}{2}\sum_{k_1,k_2=0}^{1} |k_1\rangle_{C_0}|k_2\rangle_{C_4} \otimes |\varphi_{k_1k_2}\rangle_{abC_1C_2C_3},$$

其中,

$$|\phi_{k_1k_2}\rangle = \sum_{l_1,l_2=0}^{1} \alpha_{k_1\oplus l_1}\beta_{k_2\oplus l_2}|k_1\oplus l_1\rangle_a|k_2\oplus l_2\rangle_b|l_1,l_2,l_1\oplus l_2\rangle_{C_1C_2C_3}.$$

即若粒子 C_0, C_4 的 Z 基测量结果为 $|k_1\rangle_{C_0}, |k_2\rangle_{C_4}$, 粒子 a, b, C_1, C_2, C_3 组成的复合系统状态坍缩为 $|\phi_{k_1k_2}\rangle$.

Z 基测量后, Bob 和 Alice 先根据 Z 基测量结果对粒子执行幺正操作, 再对粒子执行部分未知量子操控. 即 Bob 和 Alice 先对粒子 C_1, C_2 执行幺正操作 X_{k_1}, X_{k_2}, 将粒子 a, b, C_1, C_2, C_3 组成的复合系统状态转化为相应的状态:

$$\begin{aligned}
|\varphi_1\rangle &= (X_{k_1})_{C_1}(X_{k_2})_{C_2}|\varphi_{k_1k_2}\rangle_{abC_1C_2C_3}\\
&= \sum_{l_1,l_2=0}^{1} \alpha_{l_1}\beta_{l_2}|l_1l_2\rangle_{ab}|l_1,l_2,l_1\oplus l_2\oplus k_1\oplus k_2\rangle_{C_1C_2C_3},
\end{aligned}$$

再对粒子 C_1, C_2 执行部分未知量子操控 $U_{\theta_1,r_1}, U_{\theta_2,r_2}$:

$$\begin{aligned}
|\varphi_u\rangle &= (U_{\theta_1,r_1})_{C_1}(U_{\theta_2,r_2})_{C_2}|\varphi_1\rangle\\
&= \sum_{l_1,l_2=0}^{1} (-1)^{l_1(r_1+1)}\mathrm{e}^{(-1)^{l_1+r_1}\mathrm{i}\theta_1}\alpha_{l_1}|l_1\rangle_a(-1)^{l_2(r_2+1)}\mathrm{e}^{(-1)^{l_2+r_2}\mathrm{i}\theta_2}\beta_{l_2}|l_2\rangle_b\\
&\quad \otimes |l_1\oplus r_1, l_2\oplus r_2, l_1\oplus l_2\oplus k_1\oplus k_2\rangle_{C_1C_2C_3}.
\end{aligned}$$

对粒子 C_1, C_2 执行部分未知量子操控 $U_{\theta_1,r_1}, U_{\theta_2,r_2}$ 后, Alice, Bob, Charlie 分别对粒子 C_1, C_2, C_3 执行 X 基测量. 由粒子 a, b, C_1, C_2, C_3 组成的复合系统状态可改写为 (未归一化)

$$\begin{aligned}
|\varphi_u\rangle &= \sum_{\substack{l_1,l_2,\\t_1,t_2,t_3=0}}^{1} (-1)^{l_1(r_1+1)}\mathrm{e}^{(-1)^{l_1+r_1}\mathrm{i}\theta_1}\alpha_{l_1}|l_1\rangle_a\\
&\quad \times (-1)^{l_2(r_2+1)}\mathrm{e}^{(-1)^{l_2+r_2}\mathrm{i}\theta_2}\beta_{l_2}|l_2\rangle_b(-1)^{t'_1l_1}(-1)^{t'_2l_2}|t_{1x}\rangle_{C_1}|t_{2x}\rangle_{C_2}|t_{3x}\rangle_{C_3},
\end{aligned}$$

其中, $t_1' = t_1 + t_3$, $t_2' = t_2 + t_3$.

若粒子 C_1, C_2, C_3 的 X 基测量结果分别为 $|t_{1x}\rangle_{C_1}, |t_{2x}\rangle_{C_2}, |t_{3x}\rangle_{C_3}$, 则剩余粒子 a, b 的状态坍缩为 $|\xi\rangle$:

$$|\xi\rangle = |\xi_1\rangle_a \otimes |\xi_2\rangle_b,$$

式中,

$$|\xi_1\rangle_a = \sum_{l_1=0}^{1} (-1)^{l_1(r_1+1)} e^{(-1)^{l_1+r_1} i\theta_1} (-1)^{t_1' l_1} \alpha_{l_1} |l_1\rangle_a,$$

$$|\xi_2\rangle_b = \sum_{l_2=0}^{1} (-1)^{l_2(r_2+1)} e^{(-1)^{l_2+r_2} i\theta_2} (-1)^{t_2' l_1} \beta_{l_2} |l_2\rangle_b.$$

Alice, Bob 分别对粒子 a, b 执行相应的幺正操作即可在粒子 a, b 上制备需制备量子态 $U_{\theta_1, r_1} |\chi_1\rangle$, $U_{\theta_2, r_2} |\chi_2\rangle$:

$$X_{r_1} Z_{t_1'} |\xi_1\rangle_a = U_{\theta_1, r_1} |\chi_1\rangle_a,$$

$$X_{r_2} Z_{t_2'} |\xi_2\rangle_b = U_{\theta_2, r_2} |\chi_2\rangle_b.$$

7.2 量子态远程联合操控

与量子态远程联合制备类似, 量子态远程联合操控中多个发送方共享需执行量子操控信息, 合作协助接收方完成任意量子操控. 任意单量子比特联合操控有两种方式: 一种是任意单量子比特四方联合操控, 另一种是任意单量子比特多方联合操控. 下面以多光子纠缠态为量子纠缠源为例, 分别对上述两种量子态远程操控方式加以阐述.

7.2.1 任意单量子比特四方联合操控

任意单量子比特操作可分解为绕 Z 轴旋转与绕 X 轴旋转操作:

$$U(\alpha, \beta, \gamma) = U_X(\gamma) U_Z(\beta) U_X(\alpha),$$

其中, $U_x(\alpha) = \mathrm{e}^{-\mathrm{i}\frac{\alpha}{2}X}$, $U_z(\beta) = \mathrm{e}^{-\mathrm{i}\frac{\beta}{2}Z}$ 表示绕 X 轴与绕 Z 轴旋转. $X = |0\rangle\langle 1| + |1\rangle\langle 0|$, $Z = |0\rangle\langle 0| - |1\rangle\langle 1|$ 为泡利操作. 双量子比特控制 Z 门 (controlled-Z) 可表示为

$$
C_z = \begin{pmatrix} 1 & 0 & 0 & 0 \\ 0 & 1 & 0 & 0 \\ 0 & 0 & 1 & 0 \\ 0 & 0 & 0 & -1 \end{pmatrix}.
$$

测量基 X 的两个本征态可表示为

$$
\{|j_x\rangle, j = 0, 1\},
$$

$$
|j_x\rangle = \frac{1}{\sqrt{2}} \sum_{l=0}^{1} (-1)^{lj} |l\rangle.
$$

下面先介绍量子态四方联合操控方案, 再将方案推广到量子态多方联合操控. 在量子态四方联合操控中, 三个发送方 Alice$_1$, Alice$_2$, Alice$_3$ 共享有关需执行的量子远程操控 $U(\alpha, \beta, \gamma)$ 信息. 即 Alice$_1$ 已知旋转角度 α 信息, Alice$_2$ 已知角度 β 信息, Alice$_3$ 已知 γ 信息. 假设接收方 Bob 有一个未知初态单量子比特 b_0:

$$
|\chi\rangle_{b_0} = a_0 |0\rangle + a_1 |1\rangle,
$$

式中, $|\alpha_0|^2 + |\alpha_1|^2 = 1$. 三个发送方 Alice$_1$, Alice$_2$, Alice$_3$ 合作对远方接收方量子系统 $|\chi\rangle_b$ 执行远程单量子态操控 $U(\alpha, \beta, \gamma)$.

假设通信方使用的量子纠缠信道为 5 粒子纠缠态:

$$
|\psi\rangle = \frac{1}{2} \sum_{j_1,j_2=0}^{1} (-1)^{j_1+1} |j_1 \oplus j_2\rangle_{b_1} |j_{1x}\rangle_{b_2} |j_2 \oplus 1\rangle_{b_3} |j_{2x}\rangle_{b_4} |j_1 \oplus j_2\rangle_{b_5},
$$

其中, $|j_{1x}\rangle, |j_{2x}\rangle$ 为测量基 X 的两个本征态.

只需对 5 粒子直积态 $|\psi_0\rangle = |0_x\rangle_{b_1} \otimes |0_x\rangle_{b_2} \otimes |0_x\rangle_{b_3} \otimes |0_x\rangle_{b_4} \otimes |0\rangle_{b_5}$ 执行双粒子控制 Z 门操作以及控制非门操作就可以制备 5 粒子纠缠态 $|\psi\rangle$. 5 粒子纠缠态制备线路图如图 7.2 所示. 其中, 输入态为 5 粒子直积态:

$$|\psi_0\rangle = |0_x\rangle_{b_1} \otimes |0_x\rangle_{b_2} \otimes |0_x\rangle_{b_3} \otimes |0_x\rangle_{b_4} \otimes |0\rangle_{b_5}.$$

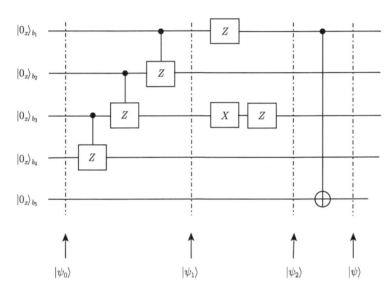

图 7.2　5 粒子纠缠态 $|\psi\rangle$ 制备线路图

为制备 5 粒子纠缠态 $|\psi\rangle$, 接收方对粒子 $b_r (r = 1, 2, 3)$ 和粒子 b_{r+1} 执行以粒子 b_r 为控制位的控制 Z 门操作. 控制 Z 门操作后, 粒子 b_1, b_2, b_3, b_4, b_5 组成的复合系统状态转化为 (未归一化):

$$|\psi_1\rangle = \frac{1}{2} \sum_{j_1, j_2 = 0}^{1} |j_1 \oplus j_2\rangle_{b_1} |j_{1x}\rangle_{b_2} |j_2\rangle_{b_3} |j_{2x}\rangle_{b_4} |0\rangle_{b_5}.$$

控制 Z 门操作后, Bob 分别对粒子 b_1, b_3 执行单粒子 Z, X 操作以及单粒子 Z 操作. 单粒子操作后, 控制 Z 门操作后, 粒子 b_1, b_2, b_3, b_4, b_5

组成的复合系统状态由状态 $|\psi_1\rangle$ 转化为状态 $|\psi_2\rangle$.

$$|\psi_2\rangle = \frac{1}{2} \sum_{j_1,j_2=0}^{1} (-1)^{j_1+1} |j_1 \oplus j_2\rangle_{b_1} |j_{1x}\rangle_{b_2} |j_2 \oplus 1\rangle_{b_3} |j_{2x}\rangle_{b_4} |0\rangle_{b_5}.$$

最后, Bob 对粒子 b_1, b_5 执行以粒子 b_1 为控制位的控制非门操作. 控制非门操作后, Bob 完成 5 粒子纠缠态 $|\psi\rangle$ 的制备. 由于在固态量子点系统或光学晶格系统中可以实现 4 粒子纠缠簇态的实验制备, 以及已完成双粒子控制非门实验, 因此实验上也可以实现 5 粒子纠缠态 $|\psi\rangle$ 的制备.

量子态四方联合操控基本原理如图 7.3 所示. Bob 与 3 个发送方共享 5 粒子纠缠态 $|\psi\rangle_{b_1 b_2 b_3 b_4 b_5}$. 即完成 5 粒子纠缠态制备后, Bob 将纠缠态 $|\psi\rangle_{b_1 b_2 b_3 b_4 b_5}$ 粒子 $b_j (j = 1, 2, 3)$ 发送给 Alice$_j$ 并保留粒子 b_4, b_5.

安全建立量子纠缠信道后, Bob 对粒子 b_0, b_5 控制 Z 门操作将粒子 b_0 与粒子 b_1, b_2, b_3, b_4, b_5 纠缠, 并对粒子 b_0, b_5 执行 X 基测量. 所有发送方对手中的纠缠粒子执行单粒子测量, 通过执行局域幺正操作, 接收方可将粒子 b_4 的状态转化为目标态 $U(\alpha, \beta, \gamma)|\chi\rangle$. 即由粒子 $b_0, b_1, b_2, b_3, b_4, b_5$ 组成的复合系统状态可表示为

$$|\chi\rangle \otimes |\psi\rangle = \frac{1}{2} \sum_{j,j_1,j_2=0}^{1} (-1)^{j_1+1} a_j |j\rangle_{b_0} |j_1 \oplus j_2\rangle_{b_1} |j_{1x}\rangle_{b_2} |j_2 \oplus 1\rangle_{b_3}$$
$$\otimes |j_{2x}\rangle_{b_4} |j_1 \oplus j_2\rangle_{b_5}.$$

为实现量子态远程联合操控, 接收方对粒子 b_0, b_5 执行以粒子 b_5 为控制位的控制 Z 门操作. 控制 Z 门操作后, 复合系统处于状态:

$$|\Psi\rangle = \frac{1}{2} \sum_{j,j_1,j_2=0}^{1} (-1)^{j_1+1} (-1)^{j(j_1+j_2)} a_j |j\rangle_{b_0} |j_1 \oplus j_2\rangle_{b_1} |j_{1x}\rangle_{b_2}$$
$$\otimes |j_2 \oplus 1\rangle_{b_3} |j_{2x}\rangle_{b_4} |j_1 \oplus j_2\rangle_{b_5}.$$

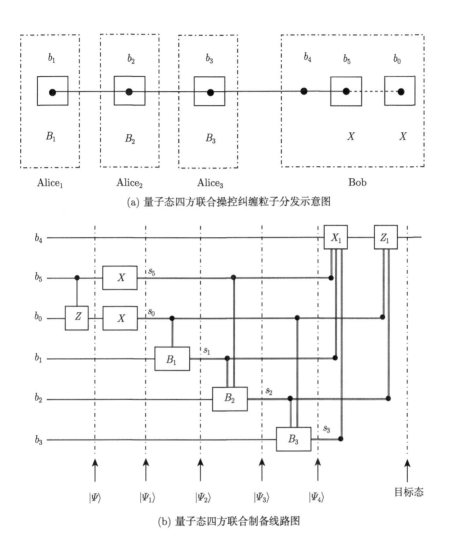

(a) 量子态四方联合操控纠缠粒子分发示意图

(b) 量子态四方联合制备线路图

图 7.3　量子态四方联合操控基本原理图

Bob 对粒子 b_0, b_5 执行 X 基测量. 复合系统状态可改写为 (未归一化)

$$|\Psi\rangle = \frac{1}{2} \sum_{\substack{j, s_0, s_5 \\ j_1, j_2 = 0}}^{1} (-1)^{j_1+1} (-1)^{j(j_1+j_2)} (-1)^{j s_0} (-1)^{(j_1+j_2)s_5} |s_{0x}\rangle_{b_0} |s_{5x}\rangle_{b_5}$$
$$\times a_j |j_1 \oplus j_2\rangle_{b_1} |j_{1x}\rangle_{b_2} |j_2 \oplus 1\rangle_{b_3} |j_{2x}\rangle_{b_4}.$$

若 Bob 的 X 基测量结果为 s_0, s_5, 剩余粒子 b_1, b_2, b_3, b_4 坍缩为

$$|\Psi_1\rangle = \frac{1}{2} \sum_{j,j_1,j_2=0}^{1} (-1)^{j_1+1} (-1)^{j(j_1+j_2)} (-1)^{js_0} (-1)^{(j_1+j_2)s_5} a_j |j_1 \oplus j_2\rangle_{b_1}$$
$$\otimes |j_{1x}\rangle_{b_2} |j_2 \oplus 1\rangle_{b_3} |j_{2x}\rangle_{b_4}.$$

为实现量子态远程联合操控, Alice$_1$ 根据 Bob 测量结果 s_0 以及已知需执行量子操控信息对手中的纠缠粒子 b_1 执行测量基 $B_1 = \{|s_1\rangle_{b_1},$ $s_1 = 0, 1\}$ 下的单粒子测量.

$$|s_1\rangle_{b_1} = \frac{1}{\sqrt{2}} \sum_{l_1=0}^{1} (-1)^{l_1 s_1} \mathrm{e}^{\mathrm{i}(-1)^{s_0+1}\alpha l_1} |l_1\rangle.$$

复合系统状态可改写为 (未归一化)

$$|\Psi_1\rangle = \frac{1}{2} \sum_{j,s_1,j_1,j_2=0}^{1} (-1)^{j_1+1} (-1)^{j(j_1+j_2)} (-1)^{js_0} (-1)^{(j_1+j_2)s_5} (-1)^{(j_1+j_2)s_1}$$
$$\times \mathrm{e}^{\mathrm{i}(-1)^{s_0}\alpha(j_1 \oplus j_2)} a_j |s_1\rangle_{b_1} |j_{1x}\rangle_{b_2} |j_2 \oplus 1\rangle_{b_3} |j_{2x}\rangle_{b_4}.$$

如果 Alice$_1$ 单粒子测量结果为 s_1, 则由粒子 b_2, b_3, b_4 组成的复合系统状态坍缩为 $|\Psi_2\rangle$:

$$|\Psi_2\rangle = \sum_{j,j_1,j_2=0}^{1} (-1)^{j_1+1} (-1)^{j(j_1+j_2)} (-1)^{js_0} (-1)^{(j_1+j_2)s_5} (-1)^{(j_1+j_2)s_1}$$
$$\times \mathrm{e}^{\mathrm{i}(-1)^{s_0}\alpha(j_1 \oplus j_2)} a_j |j_{1x}\rangle_{b_2} |j_2 \oplus 1\rangle_{b_3} |j_{2x}\rangle_{b_4}.$$

类似的 Alice$_2$ 依据她已知需执行量子操控信息, Alice$_1$ 测量结果 s_1, 接收方 Bob 测量结果 s_5 对手中的纠缠粒子 b_2 执行测量基 $B_2 = \{|s_2\rangle_{b_2}, s_2 = 0, 1\}$ 下的单粒子测量.

$$|s_2\rangle_{b_2} = \frac{1}{\sqrt{2}} \sum_{l_2=0}^{1} (-1)^{l_2 s_2} \mathrm{e}^{\mathrm{i}(-1)^{s_1+s_5}\beta l_2} |l_2\rangle.$$

由粒子 b_2, b_3, b_4 组成的复合系统状态可表示为 (未归一化)

$$\begin{aligned}
|\Psi_2\rangle = \sum_{\substack{j,j_1,j_2 \\ s_2,k_1=0}}^{1} & (-1)^{j_1+1}(-1)^{j(j_1+j_2)}(-1)^{js_0}(-1)^{(j_1+j_2)s_5} \\
\times & (-1)^{(j_1+j_2)s_1}\mathrm{e}^{\mathrm{i}(-1)^{s_0}\alpha(j_1\oplus j_2)} \\
\times & (-1)^{k_1s_2}(-1)^{k_1j_1}\mathrm{e}^{\mathrm{i}(-1)^{s_1+s_5+1}\beta k_1}|s_2\rangle_{b_2}\,a_j\,|j_2\oplus 1\rangle_{b_3}\,|j_{2x}\rangle_{b_4}.
\end{aligned}$$

若 Alice$_2$ 单粒子测量结果为 s_2, 粒子 b_3, b_4 状态坍缩为 $|\Psi_3\rangle$:

$$\begin{aligned}
|\Psi_3\rangle = \sum_{\substack{j,j_1 \\ j_2,k_1=0}}^{1} & (-1)^{j_1+1}(-1)^{j(j_1+j_2)}(-1)^{js_0}(-1)^{(j_1+j_2)s_5} \\
\times & (-1)^{(j_1+j_2)s_1}\mathrm{e}^{\mathrm{i}(-1)^{s_0}\alpha(j_1\oplus j_2)} \\
\times & (-1)^{k_1s_2}(-1)^{k_1j_1}\mathrm{e}^{\mathrm{i}(-1)^{s_1+s_5+1}\beta k_1}\,a_j\,|j_2\oplus 1\rangle_{b_3}\,|j_{2x}\rangle_{b_4}.
\end{aligned}$$

　　为实现量子态远程联合操控, Alice$_3$ 依据已知需执行量子操控信息, Alice$_2$ 测量结果 s_2, 接收方 Bob 测量结果 s_0 对手中的纠缠粒子 b_3 执行测量基 $B_3 = \left\{|s_3\rangle_{b_3}, s_3 = 0,1\right\}$ 下的单粒子测量.

$$|s_3\rangle_{b_3} = \frac{1}{\sqrt{2}}\sum_{l_3=0}^{1}(-1)^{l_3s_3}\mathrm{e}^{\mathrm{i}(-1)^{s_0+s_2}\gamma l_3}|l_3\rangle.$$

即量子态 $|\Psi_3\rangle$ 可改写为

$$\begin{aligned}
|\Psi_3\rangle = \sum_{\substack{j,j_1,j_2 \\ s_3,k_1=0}}^{1} & (-1)^{j_1+1}(-1)^{j(j_1+j_2)}(-1)^{js_0} \\
\times & (-1)^{(j_1+j_2)s_5}(-1)^{(j_1+j_2)s_1}\mathrm{e}^{\mathrm{i}(-1)^{s_0}\alpha(j_1\oplus j_2)} \\
\times & (-1)^{k_1s_2}(-1)^{k_1j_1}\mathrm{e}^{\mathrm{i}(-1)^{s_1+s_5+1}\beta k_1} \\
\times & (-1)^{(j_2+1)s_3}\mathrm{e}^{\mathrm{i}(-1)^{s_0+s_2+1}\gamma(j_2\oplus 1)}\,a_j\,|s_3\rangle_{b_3}\,|j_{2x}\rangle_{b_4}.
\end{aligned}$$

若 Alice$_3$ 单粒子测量结果为 s_3, 粒子 b_4 的状态坍缩为 $|\Psi_4\rangle$.

$$
\begin{aligned}
|\Psi_4\rangle = \sum_{\substack{j,j_1,j_2 \\ k_1,k_2=0}}^{1} & (-1)^{j_1+1}(-1)^{j(j_1+j_2)}(-1)^{js_0} \\
& \times (-1)^{(j_1+j_2)s_5}(-1)^{(j_1+j_2)s_1}\mathrm{e}^{\mathrm{i}(-1)^{s_0}\alpha(j_1\oplus j_2)} \\
& \times (-1)^{k_1s_2}(-1)^{k_1j_1}\mathrm{e}^{-\mathrm{i}\beta(k_1\oplus s_1\oplus s_5)}(-1)^{(j_2+1)s_3}\mathrm{e}^{-\mathrm{i}\gamma(j_2\oplus s_0\oplus s_2\oplus 1)}a_j \\
& \times (-1)^{k_2j_2}|k_2\rangle_{b_4}.
\end{aligned}
$$

通过执行由 Alice$_1$, Alice$_2$, Alice$_3$ 的测量结果 s_1, s_2, s_3 确定的局域幺正操作 $Z^{s_0+s_2}X^{s_1+s_5+s_3}$, 接收方可将状态 $|\Psi_4\rangle$ 转化为目标态 $U(\alpha,\beta,\gamma)|\chi\rangle$.

$$
\begin{aligned}
U(\alpha,\beta,\gamma)|\chi\rangle_{b_4} = {} & X^{s_1+s_5+s_3}Z^{s_0+s_2}|\Psi_4\rangle_{b_4} \\
= {} & \sum_{\substack{j,j_1,j_2 \\ k_1,k_2=0}}^{1} (-1)^{j_1+1}(-1)^{j(j_1+j_2)}(-1)^{js_0}(-1)^{(j_1+j_2)s_5} \\
& \times (-1)^{(j_1+j_2)s_1}\mathrm{e}^{\mathrm{i}\alpha(j_1\oplus j_2\oplus s_0)} \\
& \times (-1)^{k_1s_2}(-1)^{k_1j_1}\mathrm{e}^{-\mathrm{i}\beta(k_1\oplus s_1\oplus s_5)} \\
& \times (-1)^{(j_2+1)s_3}\mathrm{e}^{-\mathrm{i}\gamma(j_2\oplus s_0\oplus s_2\oplus 1)}a_j(-1)^{k_2j_2} \\
& \times (-1)^{k_2(s_0+s_2)}|k_2\oplus s_1\oplus s_5\oplus s_3\rangle_{b_4} \\
= {} & \sum_{\substack{j,j_1',j_2' \\ k_1',k_2'=0}}^{1} (-1)^{j_1'+1}(-1)^{j(j_1'+j_2')}\mathrm{e}^{\mathrm{i}\alpha(j_1'\oplus j_2')} \\
& \times (-1)^{k_1'j_1'}\mathrm{e}^{-\mathrm{i}\beta k_1'}\mathrm{e}^{-\mathrm{i}\gamma(j_2'\oplus 1)}\alpha_j \\
& \times (-1)^{k_2'j_2'}|k_2'\rangle_{b_4}.
\end{aligned}
$$

其中,

$$
k_1' = k_1\oplus s_1\oplus s_5, \quad k_2' = k_2\oplus s_1\oplus s_5\oplus s_3,
$$

$$
j_1' = j_1\oplus s_2, \quad j_2' = j_2\oplus s_0\oplus s_2.
$$

7.2.2 任意单量子比特多方联合操控

下面将量子态四方联合操控方案推广到多方联合操控. 与量子态三方联合操控类似, 发送方依据已知需执行量子操控信息以及其他通信方的测量结果选取测量基, 对手中的纠缠粒子执行单粒子测量, 接收方按照所有发送方的测量结果选取局域幺正操作在手中的纠缠粒子上制备需制备量子态.

为实现量子态多方联合操控, 所有发送方共享需执行量子操控 $U(\alpha, \beta, \gamma)$ 信息. 即 $\mathrm{Alice}_{1j_1}(j_1 = 1, 2, \cdots, n_1)$ 已知参数 α_{j_1} 信息, $\mathrm{Alice}_{2j_2}(j_2 = 1, 2, \cdots, n_2)$ 已知角度 β_{j_2} 信息, $\mathrm{Alice}_{3j_3}(j_3 = 1, 2, \cdots, n_3)$ 已知 γ_{j_3} 信息. 其中, $\alpha_1 + \cdots + \alpha_{n_1} = \alpha$, $\beta_1 + \cdots + \beta_{n_2} = \beta$, $\gamma_1 + \cdots + \gamma_{n_3} = \gamma$.

与量子态三方操控类似, 粒子 b_0 初态为任意量子态 $|\chi\rangle_{b_0}$. $n_1 + n_2 + n_3$ 个发送方 $\mathrm{Alice}_{11}, \cdots, \mathrm{Alice}_{3n_3}$ 希望对接收方量子系统执行任意单量子比特操控 $U(\alpha, \beta, \gamma)$.

通信方以多粒子纠缠态为量子纠缠信道 (忽略整体相位).

$$
\begin{aligned}
|\psi'\rangle = \sum_{j_1, j_2 = 0}^{1} &(-1)^{j_1+1} |j_1 \oplus j_2\rangle_{b_{11}} \cdots |j_1 \oplus j_2\rangle_{b_{1n_1}} \\
&\times \sum_{k_1 = 0}^{1} (-1)^{k_1 j_1} |k_1\rangle_{b_{21}} \cdots |k_1\rangle_{b_{2n_2}} |j_1 \oplus 1\rangle_{b_{31}} \cdots \\
&\otimes |j_1 \oplus 1\rangle_{b_{3n_3}} |j_{2x}\rangle_{b_4} |j_1 \oplus j_2\rangle_{b_5}.
\end{aligned}
$$

与制备 5 粒子纠缠态 $|\psi\rangle$ 方法类似, 多粒子纠缠态可以通过对直积态 $|0_x\rangle_{b_{11}} |0\rangle_{b_{12}} \cdots |0\rangle_{b_{1n_1}} |0_x\rangle_{b_{21}} |0\rangle_{b_{22}} \cdots |0\rangle_{b_{2n_2}} |0_x\rangle_{b_{31}} |0\rangle_{b_{32}} \cdots |0\rangle_{b_{3n_3}} |0_x\rangle_{b_4} |0\rangle_{b_5}$ 执行泡利操作, 控制 Z 门操作以及控制非门操作来制备. 多粒子纠缠态制备原理如图 7.4 所示. 输入态为多粒子直积态:

$$
|\psi_0'\rangle = |0_x\rangle_{b_{11}} |0\rangle_{b_{12}} \cdots |0\rangle_{b_{1n_1}} |0_x\rangle_{b_{21}} |0\rangle_{b_{22}} \cdots |0\rangle_{b_{2n_2}} |0_x\rangle_{b_{31}} |0\rangle_{b_{32}} \cdots
$$

$$\otimes |0\rangle_{b_{3n_3}} |0_x\rangle_{b_4} |0\rangle_{b_5}.$$

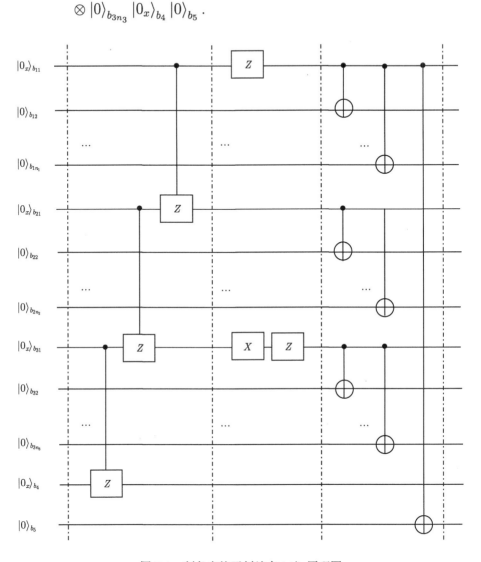

图 7.4 制备多粒子纠缠态 $|\psi'\rangle$ 原理图

为制备多粒子纠缠态 $|\psi'\rangle$, Bob 分别以粒子 b_{11}, b_{21}, b_{31} 为控制位对粒子 $(b_{11}, b_{21}), (b_{21}, b_{31})$ 以及 (b_{31}, b_4) 执行控制 Z 门操作. 控制 Z 门操作后, 由粒子 $b_{11}, \cdots, b_{1n_1}, b_{21}, \cdots, b_{2n_2}, b_{31}, \cdots, b_{3n_3}, b_4, b_5$ 所组成的复合系统状态为 (未归一化)

$$|\psi_1'\rangle = \sum_{j_1,j_2=0}^{1} |j_1 \oplus j_2\rangle_{b_{11}} |0\rangle_{b_{12}} \cdots |0\rangle_{b_{1n_1}} |j_{1x}\rangle_{b_{21}} |0\rangle_{b_{22}} \cdots$$
$$\otimes |0\rangle_{b_{2n_2}} |j_2\rangle_{b_{31}} |0\rangle_{b_{32}} \cdots |0\rangle_{b_{3n_3}} |j_{2x}\rangle_{b_4} |0\rangle_{b_5}.$$

控制 Z 门操作后, Bob 对粒子 b_{11} 执行 Z 门操作, 对粒子 b_{31} 执行单粒子 X, Z 门操作. 单粒子操作后, 复合系统状态由 $|\psi_1'\rangle$ 转化为 $|\psi_2'\rangle$.

$$|\psi_2'\rangle = \sum_{j_1,j_2=0}^{1} (-1)^{j_1+1} |j_1 \oplus j_2\rangle_{b_{11}} |0\rangle_{b_{12}} \cdots |0\rangle_{b_{1n_1}} |j_{1x}\rangle_{b_{21}} |0\rangle_{b_{22}} \cdots$$
$$\otimes |0\rangle_{b_{2n_2}} |j_2 \oplus 1\rangle_{b_{31}} |0\rangle_{b_{32}} \cdots |0\rangle_{b_{3n_3}} |j_{2x}\rangle_{b_4} |0\rangle_{b_5}.$$

为制备多粒子纠缠态 $|\psi'\rangle$, Bob 将粒子 $b_{12}, \cdots, b_{1n_1}, b_{22}, \cdots, b_{2n_2}$, $b_{32}, \cdots, b_{3n_3}, b_5$ 与粒子 $b_{11}, b_{21}, b_{31}, b_4$ 纠缠. 即 Bob 以粒子 $b_{r1}(r=1,2,3)$ 为控制位对粒子 b_{r1} 和粒子 $b_{rj_r}(j_r = 2, \cdots, n_r)$ 执行控制 Z 门操作, 以粒子 b_{11} 为控制位对粒子 b_{11}, b_5 执行控制非门操作. 控制非门操作后, Bob 可制备多粒子纠缠态 $|\psi'\rangle$.

$$|\psi'\rangle = \sum_{j_1,j_2=0}^{1} (-1)^{j_1+1} |j_1 \oplus j_2\rangle_{b_{11}} \cdots |j_1 \oplus j_2\rangle_{b_{1n_1}}$$
$$\otimes \sum_{k_1=0}^{1} (-1)^{k_1 j_1} |k_1\rangle_{b_{21}} \cdots |k_1\rangle_{b_{2n_2}} |j_1 \oplus 1\rangle_{b_{31}} \cdots$$
$$\otimes |j_1 \oplus 1\rangle_{b_{3n_3}} |j_{2x}\rangle_{b_4} |j_1 \oplus j_2\rangle_{b_5}.$$

任意单量子态多方联合操控原理如图 7.5 所示. 为实现量子态多方联合操控, 接收方 Bob 先制备多粒子纠缠态 $|\psi'\rangle$, 然后与发送方 $\mathrm{Alice}_{11}, \cdots$, Alice_{3n_3} 建立量子纠缠信道. 即 Bob 将多粒子纠缠态 $|\psi'\rangle_{b_{11}\cdots b_{3n_3}}$ 中的粒子 $b_{1j_1}(j_1 = 1, \cdots, n_1)$ 发送给 Alice_{1j_1}, 粒子 $b_{2j_2}(j_2 = 1, \cdots, n_2)$ 发送给 Alice_{2j_2}, 粒子 $b_{3j_3}(j_3 = 1, \cdots, n_3)$ 发送给 Alice_{3j_3}, 保留粒子 b_4, b_5.

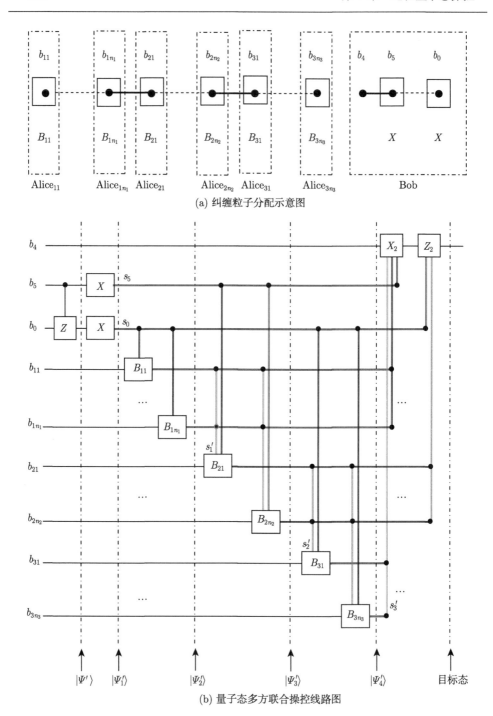

(a) 纠缠粒子分配示意图

(b) 量子态多方联合操控线路图

图 7.5　任意单量子态多方联合操控原理图

为实现量子态多方操控, Bob 对粒子 b_0, b_5 执行控制 Z 门操作, 粒子 $b_{11}, \cdots, b_{1n_1}, b_{21}, \cdots, b_{2n_2}, b_{31}, \cdots, b_{3n_3}, b_0, b_4, b_5$ 所组成的复合系统状态转化为 (未归一化)

$$|\Psi'\rangle = \sum_{j,j_1,j_2=0}^{1} (-1)^{j_1+1}(-1)^{j(j_1+j_2)} |j_1 \oplus j_2\rangle_{b_{11}} \cdots |j_1 \oplus j_2\rangle_{b_{1n_1}}$$

$$\otimes \sum_{k_1=0}^{1} (-1)^{k_1 j_1} |k_1\rangle_{b_{21}} \cdots |k_1\rangle_{b_{2n_2}}$$

$$\otimes |j_1 \oplus 1\rangle_{b_{31}} \cdots |j_1 \oplus 1\rangle_{b_{3n_3}} |j_{2x}\rangle_{b_4} |j_1 \oplus j_2\rangle_{b_5} a_j |j\rangle_{b_0}.$$

与量子态四方联合操控类似, Bob 对粒子 b_0, b_5 执行 X 基测量. 符合系统状态可改写为

$$|\Psi'\rangle = \sum_{\substack{j,j_1,j_2 \\ s_0,s_5=0}}^{1} (-1)^{j_1+1}(-1)^{j(j_1+j_2)}(-1)^{js_0}(-1)^{(j_1+j_2)s_5}$$

$$\otimes |j_1 \oplus j_2\rangle_{b_{11}} \cdots |j_1 \oplus j_2\rangle_{b_{1n_1}}$$

$$\otimes \sum_{k_1=0}^{1} (-1)^{k_1 j_1} |k_1\rangle_{b_{21}} \cdots |k_1\rangle_{b_{2n_2}} |j_1 \oplus 1\rangle_{b_{31}} \cdots$$

$$\otimes |j_1 \oplus 1\rangle_{b_{3n_3}} |j_{2x}\rangle_{b_4} a_j |s_{5x}\rangle_{b_5} |s_{0x}\rangle_{b_0}.$$

如果 Bob 的 X 基测量结果为 s_0, s_5, 则剩余粒子 $b_{11}, \cdots, b_{1n_1}, b_{21}, \cdots, b_{2n_2}, b_{31}, \cdots, b_{3n_3}, b_4$ 的状态坍缩为

$$|\Psi'_1\rangle = \sum_{j,j_1,j_2=0}^{1} (-1)^{j_1+1}(-1)^{j(j_1+j_2)}(-1)^{js_0}(-1)^{(j_1+j_2)s_5}$$

$$\otimes |j_1 \oplus j_2\rangle_{b_{11}} \cdots |j_1 \oplus j_2\rangle_{b_{1n_1}}$$

$$\otimes \sum_{k_1=0}^{1} (-1)^{k_1 j_1} |k_1\rangle_{b_{21}} \cdots |k_1\rangle_{b_{2n_2}} |j_1 \oplus 1\rangle_{b_{31}} \cdots |j_1 \oplus 1\rangle_{b_{3n_3}} |j_{2x}\rangle_{b_4} a_j.$$

为实现量子态远程联合操控, $\mathrm{Alice}_{1j_1}(j_1 = 1, \cdots, n_1)$ 根据已知需执行量子操控信息 α_{j_1}, Bob 的 X 基测量结果 s_0 对手中的纠缠粒子 b_{1j_1}

执行测量基 $B_{1j_1} = \left\{ |s_{1j_1}\rangle_{b_{1j_1}}, s_{1j_1} = 0,1 \right\}$ 下的单粒子测量.

$$|s_{1j_1}\rangle_{b_{1j_1}} = \sum_{l_{1j_1}=0}^{1} (-1)^{l_{1j_1}s_{1j_1}} \mathrm{e}^{\mathrm{i}(-1)^{s_0+1}\alpha_{j_1}l_{1j_1}} |l_{1j_1}\rangle.$$

粒子 $b_{11}, \cdots, b_{1n_1}, b_{21}, \cdots, b_{2n_2}, b_{31}, \cdots, b_{3n_3}, b_4$ 所组成的复合系统状态可改写为

$$
\begin{aligned}
|\Psi_1'\rangle = \sum_{\substack{j,j_1,j_2 \\ s_{11},\cdots,s_{1n_1}=0}}^{1} & (-1)^{j_1+1}(-1)^{j(j_1+j_2)}(-1)^{js_0}(-1)^{(j_1+j_2)s_5}(-1)^{(j_1+j_2)s_1'} \\
& \times \mathrm{e}^{\mathrm{i}(-1)^{s_0}\alpha(j_1\oplus j_2)} |s_{11}\rangle_{b_{11}} \cdots |s_{1n_1}\rangle_{b_{1n_1}} \\
& \times \sum_{k_1=0}^{1} (-1)^{k_1j_1} |k_1\rangle_{b_{21}} \cdots |k_1\rangle_{b_{2n_2}} |j_1 \oplus 1\rangle_{b_{31}} \cdots |j_1 \oplus 1\rangle_{b_{3n_3}} |j_{2x}\rangle_{b_4} a_j,
\end{aligned}
$$

其中,

$$s_1' = s_{11} + s_{12} + \cdots + s_{1n_1}.$$

$s_{1j_1}(j_1=1,\cdots,n_1)$ 代表 Alice_{1j_1} 单粒子测量结果. 也就是说, 如果 Alice_{1j_1} 单粒子测量结果为 s_{1j_1}, 由粒子 $b_{21}, \cdots, b_{2n_2}, b_{31}, \cdots, b_{3n_3}, b_4$ 所组成的复合系统状态坍缩为状态 $|\Psi_2'\rangle$.

$$
\begin{aligned}
|\Psi_2'\rangle = \sum_{j,j_1,j_2=0}^{1} & (-1)^{j_1+1}(-1)^{j(j_1+j_2)}(-1)^{js_0} \\
& \times (-1)^{(j_1+j_2)s_5}(-1)^{(j_1+j_2)s_1'}\mathrm{e}^{\mathrm{i}(-1)^{s_0}\alpha(j_1\oplus j_2)} \\
& \times \sum_{k_1=0}^{1} (-1)^{k_1j_1} |k_1\rangle_{b_{21}} \cdots |k_1\rangle_{b_{2n_2}} |j_1 \oplus 1\rangle_{b_{31}} \cdots |j_1 \oplus 1\rangle_{b_{3n_3}} |j_{2x}\rangle_{b_4} a_j.
\end{aligned}
$$

与量子态四方联合操控类似, $\text{Alice}_{2j_2}(j_2 = 1,\cdots,n_2)$ 根据已知需执行量子操控信息 β_{j_2}, Bob 的 X 基测量结果 s_5 以及 $\text{Alice}_{1j_1}(j_1 = 1,\cdots,n_1)$ 测量结果 s_1' 对手中的纠缠粒子 b_{2j_2} 执行测量基 $B_{2j_2} =$

$\{|s_{2j_2}\rangle_{b_{2j_2}}, s_{2j_2} = 0, 1\}$ 下的单粒子测量.

$$|s_{2j_2}\rangle_{b_{2j_2}} = \sum_{l_{2j_2}=0}^{1} (-1)^{s_{2j_2}l_{2j_2}} \mathrm{e}^{\mathrm{i}(-1)^{s_1'+s_5}\beta_{j_2}l_{2j_2}} |l_{2j_2}\rangle.$$

粒子 $b_{21}, \cdots, b_{2n_2}, b_{31}, \cdots, b_{3n_3}, b_4$ 所组成的复合系统状态可改写为

$$\begin{aligned}
|\Psi_2'\rangle = &\sum_{\substack{j,j_1,j_2 \\ s_{21},\cdots,s_{2n_2}=0}}^{1} (-1)^{j_1+1}(-1)^{j(j_1+j_2)}(-1)^{js_0}(-1)^{(j_1+j_2)s_5} \\
&\times (-1)^{(j_1+j_2)s_1'}\mathrm{e}^{\mathrm{i}(-1)^{s_0}\alpha(j_1\oplus j_2)} \\
&\times \sum_{k_1=0}^{1}(-1)^{k_1j_1}(-1)^{k_1s_2'}\mathrm{e}^{\mathrm{i}(-1)^{s_1'+s_5+1}\beta k_1}|s_{21}\rangle_{b_{21}}\cdots \\
&\otimes |s_{2n_2}\rangle_{b_{2n_2}}|j_1\oplus 1\rangle_{b_{31}}\cdots|j_1\oplus 1\rangle_{b_{3n_3}}|j_{2x}\rangle_{b_4}\,a_j.
\end{aligned}$$

其中,

$$s_2' = s_{21} + s_{22} + \cdots + s_{2n_2}.$$

$s_{2j_2}(j_2 = 1,\cdots,n_2)$ 代表粒子 b_{2j_2} 的单粒子测量结果. 如果 Alice$_{2j_2}$ 单粒子测量结果为 s_{2j_2}, 由粒子 $b_{31}, \cdots, b_{3n_3}, b_4$ 所组成的复合系统状态坍缩为状态 $|\Psi_3'\rangle$.

$$\begin{aligned}
|\Psi_3'\rangle = &\sum_{j,j_1,j_2=0}^{1} (-1)^{j_1+1}(-1)^{j(j_1+j_2)}(-1)^{js_0} \\
&\times (-1)^{(j_1+j_2)s_5}(-1)^{(j_1+j_2)s_1'}\mathrm{e}^{\mathrm{i}(-1)^{s_0}\alpha(j_1\oplus j_2)} \\
&\times \sum_{k_1=0}^{1}(-1)^{k_1j_1}(-1)^{k_1s_2'}\mathrm{e}^{\mathrm{i}(-1)^{s_1'+s_5+1}\beta k_1}|j_1\oplus 1\rangle_{b_{31}}\cdots \\
&\otimes |j_1\oplus 1\rangle_{b_{3n_3}}|j_{2x}\rangle_{b_4}\,a_j.
\end{aligned}$$

为实现量子态联合操控, Alice$_{3j_3}(j_3 = 1,\cdots,n_3)$ 根据已知需执行量子操控信息 γ_{j_3}, Bob 的 X 基测量结果 s_5 以及 Alice$_{1j_1}(j_1=1,\cdots,n_1)$ 的

测量结果 s'_2 对手中的纠缠粒子 b_{3j_3} 执行测量基 $B_{3j_3} = \{|s_{3j_3}\rangle_{b_{3j_3}}, s_{3j_3} = 0, 1\}$ 下的单粒子测量.

$$|s_{3j_3}\rangle_{b_{3j_3}} = \sum_{l_{3j_3}=0}^{1} (-1)^{s_{3j_3} l_{3j_3}} \mathrm{e}^{\mathrm{i}(-1)^{s_0+s'_2}\gamma_{j_3} l_{3j_3}} |l_{3j_3}\rangle.$$

粒子 $b_{31}, \cdots, b_{3n_3}, b_4$ 所组成的复合系统状态可改写为

$$
\begin{aligned}
|\Psi'_3\rangle = &\sum_{\substack{j,j_1,j_2=0 \\ s_{31},\cdots,s_{3n_3}}}^{1} (-1)^{j_1+1}(-1)^{j(j_1+j_2)}(-1)^{js_0} \\
&\times (-1)^{(j_1+j_2)s_5}(-1)^{(j_1+j_2)s'_1}\mathrm{e}^{\mathrm{i}(-1)^{s_0}\alpha(j_1\oplus j_2)} \\
&\times \sum_{k_1=0}^{1}(-1)^{k_1 j_1}(-1)^{k_1 s'_2}\mathrm{e}^{\mathrm{i}(-1)^{s'_1+s_5+1}\beta k_1}(-1)^{(j_2+1)s'_3} \\
&\times \mathrm{e}^{\mathrm{i}(-1)^{s_0+s'_2+1}\gamma(j_2\oplus 1)}|s_{31}\rangle_{b_{31}}\cdots|s_{3n_3}\rangle_{b_{3n_3}}|j_{2x}\rangle_{b_4} a_j.
\end{aligned}
$$

其中,

$$s'_3 = s_{31} + s_{32} + \cdots + s_{3n_3},$$

$s_{3j_3}(j_3 = 1,\cdots,n_3)$ 用于表示粒子 b_{3j_3} 的单粒子测量结果. 假设 Alice_{3j_3} 的单粒子测量结果为 s_{3j_3}, 则粒子 b_4 的状态坍缩为 $|\Psi'_4\rangle_{b_4}$.

$$
\begin{aligned}
|\Psi'_4\rangle = &\sum_{j,j_1,j_2=0}^{1} (-1)^{j_1+1}(-1)^{j(j_1+j_2)}(-1)^{js_0} \\
&\times (-1)^{(j_1+j_2)s_5}(-1)^{(j_1+j_2)s'_1}\mathrm{e}^{\mathrm{i}(-1)^{s_0}\alpha(j_1\oplus j_2)} \\
&\times \sum_{k_1=0}^{1}(-1)^{k_1 j_1}(-1)^{k_1 s'_2}\mathrm{e}^{\mathrm{i}(-1)^{s'_1+s_5+1}\beta k_1}(-1)^{(j_2+1)s'_3} \\
&\times \mathrm{e}^{\mathrm{i}(-1)^{s_0+s'_2+1}\gamma(j_2\oplus 1)} a_j \sum_{k_2=0}^{1}(-1)^{k_2 j_2}|k_2\rangle_{b_4}.
\end{aligned}
$$

通过对粒子执行与测量结果相应的幺正操作 $Z^{s_0+s'_2} X^{s'_1+s_5+s'_3}$, 接收方可获得目标态 $U(\alpha,\beta,\gamma)|\chi\rangle_{b_4}$. 也就是说, 粒子 b_4 状态可改写为 (忽略整体

相位因子 $e^{i(-1)^{s_0}\alpha s_0}$, $e^{i(-1)^{s_1'+s_5}\beta(s_1'\oplus s_5)}$, $e^{i(-1)^{s_0+s_2'}\gamma(s_0\oplus s_2')}$)

$$|\Psi_4'\rangle = \sum_{\substack{j,j_1,j_2,\\k_1,k_2=0}}^{1}(-1)^{j_1+1}(-1)^{j(j_1+j_2)}(-1)^{js_0}$$

$$\times (-1)^{(j_1+j_2)s_1'}(-1)^{(j_1+j_2)s_5}e^{i\alpha(j_1\oplus j_2\oplus s_0)}$$

$$\times (-1)^{k_1 s_2'}(-1)^{k_1 j_1}e^{-i\beta(k_1\oplus s_1'\oplus s_5)}(-1)^{(j_2+1)s_3'}$$

$$\times e^{-i\gamma(j_2\oplus s_0\oplus s_2'\oplus 1)}a_j(-1)^{k_2 j_2}|k_2\rangle_{b_4}.$$

与量子态四方联合操控类似, 通过执行与发送方公布的测量结果 s_1', s_2', s_3' 相应的单粒子操作 $Z^{s_0+s_2'}X^{s_1'+s_5+s_3'}$, 接收方可将量子态 $|\Psi_4'\rangle$ 转化为目标态 $U(\alpha,\beta,\gamma)|\chi\rangle_{b_4}$.

$$U(\alpha,\beta,\gamma)|\chi\rangle_{b_4}$$

$$= Z^{s_0+s_2'}X^{s_1'+s_5+s_3'}|\Psi_4\rangle_{b_4}$$

$$= \sum_{\substack{j,j_1,j_2,\\k_1,k_2=0}}^{1}(-1)^{j_1+1}(-1)^{j(j_1+j_2)}(-1)^{js_0}(-1)^{(j_1+j_2)s_1'}(-1)^{(j_1+j_2)s_5}$$

$$\times e^{i\alpha(j_1\oplus j_2\oplus s_0)}(-1)^{k_1 s_2'}(-1)^{k_1 j_1}$$

$$\times e^{-i\beta(k_1\oplus s_1'\oplus s_5)}(-1)^{(j_2+1)s_3'}e^{-i\gamma(j_2\oplus s_0\oplus s_2'\oplus 1)}a_j(-1)^{k_2 j_2}(-1)^{k_2(s_0+s_2')}$$

$$\times |k_2\oplus s_1'\oplus s_5\oplus s_3'\rangle_{b_4}$$

$$= \sum_{\substack{j,j_1',j_2',\\k_1',k_2=0}}^{1}(-1)^{j_1'+1}(-1)^{j(j_1'+j_2')}e^{i\alpha(j_1'\oplus j_2')}(-1)^{k_1' j_1'}e^{-i\beta k_1'}$$

$$\times e^{-i\gamma(j_2'\oplus 1)}a_j(-1)^{k_2' j_2'}|k_2'\rangle_{b_4},$$

其中,

$$k_1' = k_1\oplus s_1'\oplus s_5, \quad k_2' = k_2\oplus s_1'\oplus s_5\oplus s_3',$$

$$j_1' = j_1\oplus s_2', \quad j_2' = j_2\oplus s_0\oplus s_2'.$$

参 考 文 献

[1] Nielsen M A, Chuang I L. Quantum Computation and Quantum Information. Cambridge: Cambridge University Press, 2003.

[2] Bennett C H, Brassard G, Crépeau C, et al. Teleporting an unknown quantum state via dual classical and Einstein-Podolsky-Rosen channels. Phys. Rev. Lett., 1993, 70(13): 1895.

[3] Bennett C H, DiVincenzo D P, Shor P W, et al. Remote state preparation. Phys. Rev. Lett., 2001, 87(7): 077902.

[4] Pati A K. Minimum classical bit for remote preparation and measurement of a qubit. Phys. Rev. A, 2000, 63(1): 014302.

[5] Lo H K. Classical-communication cost in distributed quantum-information processing: A generalization of quantum-communication complexity. Phys. Rev. A, 2000, 62(1): 012313.

[6] Ye M Y, Zhang Y S, Guo G C. Faithful remote state preparation using finite classical bits and a nonmaximally entangled state. Phys. Rev. A, 2012, 69(2): 022310.

[7] Devetak I, Berger T. Low-entanglement remote state preparation. Phys. Rev. Lett., 2001, 87(19), 197901.

[8] Berry D W, Sanders B C. Optimal remote state preparation. Phys. Rev. Lett., 2003, 90(5): 057901.

[9] Zhou P. Joint remote preparation of an arbitrary m-qudit state with a pure entangled quantum channel via positive operator-valued measurement. J. Phys. A, 2012, 45(21): 215305-215315.

[10] Xia Y, Song J, Song H S. Multiparty remote state preparation. J. Phys. B, 2007, 40(18): 3719.

[11] Lee H W. Total teleportation of an entangled state. Phys. Rev. A, 2001, 64(1): 014302.

[12] Li W L, Li C F, Guo G C. Probabilistic teleportation and entanglement matching. Phys.

Rev. A, 2000, 61(3): 034301.

[13] Zhou P, Li X H, Deng F G, et al. Multiparty-controlled teleportation of an arbitrary m-qudit state with pure entangled quantum channel. J. Phys. A, 2007, 40(43): 13121.

[14] Zhou P, Li X H, Deng F G, et al. Probabilistic teleportation of an arbitrary GHZ-class state with a pure entangled two-particle quantum channel and its application in quantum state sharing. Chin. Phys., 2007, 16(10): 2867-2874.

[15] Wang G M, Ying M S. Perfect many-to-one teleportation with stabilizer states. Phys. Rev. A, 2008, 77(3): 032324.

[16] Hu X Y, Gu Y, Gong Q H, et al. Noise effect on fidelity of two-qubit teleportation. Phys. Rev. A, 2010, 81(5): 1532.

[17] Björk G, Laghaout A, Andersen U L. Deterministic teleportation using single-photon entanglement as a resource. Phys. Rev. A, 2012, 85(2): 022316.

[18] Taketani B G, de Melo F, de Matos Filho R L. Optimal teleportation with a noisy source. Phys. Rev. A, 2012, 85(2): 597-605.

[19] Di Franco C, Ballester D. Optimal path for a quantum teleportation protocol in entangled networks. Phys. Rev. A, 2012, 85(1): 218-289.

[20] Neves L, Solís-Prosser M A, Delgado A, et al. Quantum teleportation via maximum-confidence quantum measurements. Phys. Rev. A, 2012, 85(6): 062322.

[21] Li Z, Long L R, Zhou P, et al. Probabilistic multiparty-controlled teleportation of an arbitrary m-qudit state with a pure entangled quantum channel against collective noise. Sci. China Ser. G-Phys. Mech. Astron., 2012, 55(12): 2445-2451.

[22] Huelga S F, Vaccaro J A, Chefles A, et al. Quantum remote control: Teleportation of unitary operations. Phys. Rev. A, 2001, 63(4): 042303.

[23] Huelga S F, Plenio M B, Vaccaro J A. Remote control of restricted sets of operations: Teleportation of angles. Phys. Rev. A, 2002, 65(4): 579.

[24] He Y H, Lu Q C, Liao Y M, et al. Bidirectional controlled remote implementation of an arbitrary single qubit unitary operation with EPR and cluster states. Int. J. Theor. Phys., 2015, 54(5): 1726-1736.

[25] Fan Q B, Liu D D. Controlled remote implementation of partially unknown quantum operation. Sci. China Ser. G-Phys. Mech. Astron., 2008, 51(11): 1661-1667.

[26] Lin J Y, He J G, Gao Y C, et al. Controlled remote implementation of an arbitrary single qubit operation with partially entangled quantum channel. Int. J. Theor. Phys., 2017, 56(4): 1085-1095.

[27] Wang S F, Liu Y M, Chen J L, et al. Deterministic single-qubit operation sharing with five-qubit cluster state. Quantum Inf. Process, 2013, 12(7): 2497-2507.

[28] Peng J. Tripartite operation sharing with five-qubit Brown state. Quantum Inf. Process, 2016, 15(6): 2465-2473.

[29] Bouwmeester D, Pan J W, Mattle K, et al. Experimental quantum teleportation. Nature, 1997, 390(390): 575.

[30] Furusawa A, SΦrensen J L, Braunstein S L, et al. Unconditional quantum teleportation. Science, 1998, 282(5389): 706-709.

[31] Barrett M D, Chiaverini J, Schaetz T, et al. Deterministic quantum teleportation of atomic qubits. Nature, 2004, 429(6993): 737-739.

[32] Marcikic I, De Riedmatten H, Tittel W, et al. Long-distance teleportation of qubits at telecommunication wavelengths. Nature, 2003, 421(6922): 509-513.

[33] Ursin R, Jennewein T, Aspelmeyer M, et al. Communications: Quantum teleportation across the Danube. Nature, 2004, 430(7002): 849.

[34] Ma X S, Herbst T, Scheidl T, et al. Quantum teleportation between over 143 kilometres using active feed-forward. Nature, 2012, 489(7415): 269-273.

[35] Krauter H, Salart D, Muschik C A, et al. Deterministic quantum teleportation between distant atomic objects. Nature Physics, 2013, 9(7): 400.

[36] Peng X H, Zhu X W, Fang X M, et al. Experimental implementation of remote state preparation by nuclear magnetic resonance. Phys. Lett. A, 2012, 306(5): 271-276.

[37] Liu W T, Wu W, Ou B Q, et al. Experimental remote preparation of arbitrary photon polarization states. Phys. Rev. A, 2009, 76(2): 022308.

[38] Xiang G Y, Li J, Guo G C. Teleporting a rotation on remote photons. Phys. Rev. A, 2005, 71(4): 044304.

[39] Zhang Q, Goebel A, Wageenknecht C, et al. Experimental quantum teleportation of a two-qubit composite system. Nature Physics. 2006, 2(4): 201.

[40] Jin X M, Ren J G, Yang B, et al. Experimental free-space quantum teleportation.

Nature Photon, 2010, 4(6): 376-381.

[41] Yin J, Ren J G, Lu H, et al. Quantum teleportation and entanglement distribution over 100-kilometre free-space channels. Nature, 2013, 488(7410): 185-188.

[42] Liu J M, Feng X L, Oh C H. Remote preparation of a three-particle state via positive operator-valued measurement. J. Phys. B, 2009, 42(5): 055508.

[43] Xiao X Q, Liu J M, Zeng G H. Joint remote state preparation of arbitrary two- and three-qubit states. J. Phys. B, 2011, 44: 075501.

《现代物理基础丛书》已出版书目

(按出版时间排序)